TOP　CONCEPT　WORKS　COMPANY　BLOG　CONT

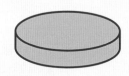

JN026835

Figma で作る

UIデザイン **アイデア集**

サンプルで学ぶ **35のパターン**

相原典佳・岡部千幸 著

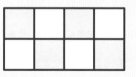

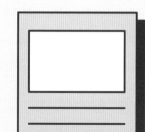

インプレス

本書について

本書では、Chapter 1で利用する練習用のファイルと、本書を執筆するにあたって構築したUIキット「Stockpile UI」の2つのデータを、本書のサポートページから入手できます。

サポートページURL
https://book.impress.co.jp/books/1123101030

● 本書で扱わない範囲

本書ではそれぞれの Lesson で UI コンポーネントの作成方法や操作方法をできるだけわかりやすく解説していますが、基本的な知識となる Figma の画面構成、インストール方法、各種ツールの使い方などの解説はしていません。

● 必要なプラン

本書を進めるにあたっては、有料プランであるプロフェッショナルでの利用を前提としています。表示や利用について、無料プランの［スターター］との差が生じる際には、注釈を入れるようにしています。
詳しい各プランの違いについては、公式 Web ページを確認してください。

はじめに

　Figmaは、制作の現場で広く利用されているデザインツールです。複数の作業者が同じデザインファイルで作業をすることができ、さまざまなプラグインやほかのツールとの連携が可能など多くのメリットがありますが、その中の1つに「デザインシステムの構築のしやすさ」があります。

　デザインシステムは、アプリやWebの開発において一貫性のあるデザインを効率的にユーザーに提供できるツールとして注目されています。デザインシステムには再利用可能なスタイルやコンポーネントとそのガイドラインが含まれていますが、それらを開発メンバーとともに運用するのにFigmaは最適なツールといえるでしょう。

　本書では、見本のファイルの「Stockpile UI」に含まれるスタイルやコンポーネントを作成し、それらを元にアプリの画面を作る方法について解説しております。全6章で、以下のような構成になります。

Chapter 1　Figmaの基本操作
Chapter 2　Stockpile UIの土台となる「ファウンデーション」
Chapter 3　アプリやWebページの部品となる「コンポーネント」
Chapter 4　オリジナルアプリを作る準備
Chapter 5　オリジナルアプリを作る
Chapter 6　デザインシステムについて知る

　Chapter 1でFigmaの基本的な使い方について解説し、Chapter 2・3でStockpile UIを一緒に作成します。Chapter 4・5ではStockpile UIを元にピザのデリバリーアプリを作成し、デザインシステムを使用する一連の流れを体験できるようになっています。Chapter 6では、デザインシステムを作成・運用するにあたって知っておくとよいポイントやプラグインについて解説しています。

　特にChapter 2・3・4は、読者のみなさんがUIデザインをする際のアイデアにつながるよう意識して解説してみました。すべてのコンポーネントを掲載順に作成してもよいですし、特定のコンポーネントの作り方を調べるための辞書として使うのもおすすめです。

　本書が、みなさんのお役に立てることを願っております。

2024年6月
著者を代表して
岡部千幸

CONTENTS

Chapter 1
Figmaの基本操作

Chapter 2
Stockpile UIの土台となる「ファウンデーション」

Chapter 3
アプリやWebページの部品となる「コンポーネント」

Chapter 4
オリジナルアプリを作る準備

Chapter 5
オリジナルアプリを作る

Chapter 6
デザインシステムについて知る

本書の読み方

キーワード
このLessonで学ぶキー
ワードを掲載しています。

Chapter

4

Lesson

2

オリジナルアプリについて

ここからStockpile UIを活用してオリジナルのピザ配送アプリを作っていきます。Lesson 2
では、作成する画面やオリジナルアプリの設定、作成手順について解説します。

`Keyword` #オリジナルアプリの概要 #サンプルファイルの準備

Chapter 4・5で作るオリジナルアプリについて

Chapter 4・5では、架空のピザチェーン店の商品であるピザの注文から配達まですることができる、ピザの
デリバリーアプリを作成します。
今回作成する画面の種類は9つです。それぞれパソコン、タブレット、スマートフォン表示を作ります。

作成する画面の名前	画面の説明
ログイン画面	アプリにログインするためのメールアドレスとパスワードを入力する画面
パスワード再発行画面	パスワードを忘れたとき、パスワード再発行リンクを送信するメールアドレスを入力する画面
マイページ画面	会員情報や支払い方法など、ピザを注文する人に関する情報の一覧画面
会員情報画面	ピザを注文する人の名前や生年月日を確認、編集するための画面
ピザの一覧画面	商品のピザの一覧画面
ピザの詳細画面	商品のピザの詳細画面
カート画面	配達に関する情報とカートに入れたピザの情報を確認し、注文する画面
注文を削除するモーダル	注文を削除するときに、誤って削除することがないよう確認するためのモーダル
お知らせ一覧画面	ピザを注文する人の操作に基づいた通知と、運営からのお知らせの一覧画面
エラー画面	存在しない画面にアクセスした際に表示される画面。404エラー画面ともいう

Chapter 4・5では、Figmaの使い方を知ってもらうために、見本を元に作り進める手順にしています。その前段階の手順や、実際にアプリをデザインするときの流れについてはLesson 4で解説しています

見本の画面はサンプルファイルの[Chapter 4・5 オリジナルアプリを作る]
で確認できます。

サンプルファイルについて→10ページ

248

今回は代表的な画面を作成します。実際にアプリをデザインする場合は、ほかにも作らなければならない画面がたくさんあります。よく使うアプリやサイトを意識して見てみると、どんな画面があるのか参考になります

関連ページ
関連する操作の参照ページを
記載しています。

著者のコメント
豆知識やアドバイスを掲載
しています。

本文と操作解説を基本に、楽しく読み進められるようにワンポイントや用語解説などを散りばめています。
※画像はイメージです。

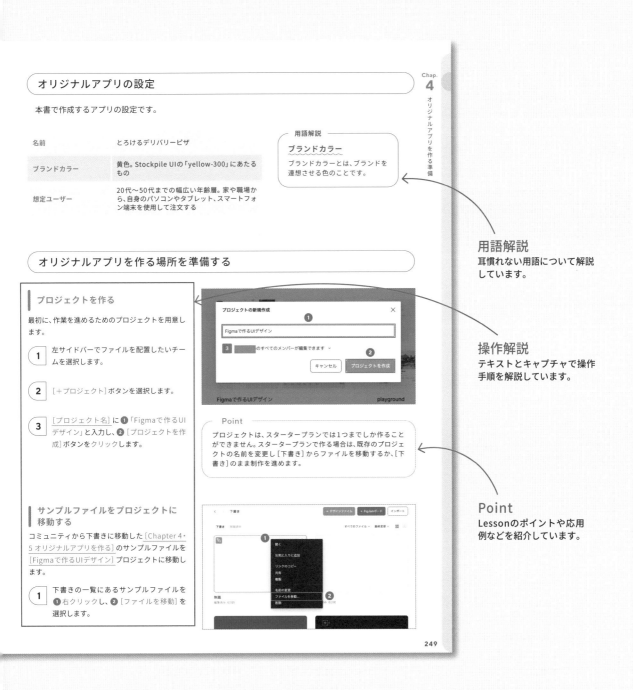

オリジナルアプリの設定

本書で作成するアプリの設定です。

名前	とろけるデリバリーピザ
ブランドカラー	黄色。Stockpile UIの「yellow-300」にあたるもの
想定ユーザー	20代〜50代までの幅広い年齢層。家や職場から、自身のパソコンやタブレット、スマートフォン端末を使用して注文する

用語解説

ブランドカラー
ブランドカラーとは、ブランドを連想させる色のことです。

用語解説
耳慣れない用語について解説しています。

オリジナルアプリを作る場所を準備する

プロジェクトを作る

最初に、作業を進めるためのプロジェクトを用意します。

1 左サイドバーでファイルを配置したいチームを選択します。

2 [＋プロジェクト]ボタンを選択します。

3 [プロジェクト名]に ❶「Figmaで作るUIデザイン」と入力し、❷[プロジェクトを作成]ボタンをクリックします。

プロジェクトの新規作成
❶ Figmaで作るUIデザイン
❸ のすべてのメンバーが編集できます ∨
❷
キャンセル　プロジェクトを作成
Figmaで作るUIデザイン　playground

操作解説
テキストとキャプチャで操作手順を解説しています。

Point

プロジェクトは、スタータープランでは1つまでしか作ることができません。スタータープランで作る場合は、既存のプロジェクトの名前を変更し[下書き]からファイルを移動するか、[下書き]のまま制作を進めます。

サンプルファイルをプロジェクトに移動する

コミュニティから下書きに移動した[Chapter 4・5 オリジナルアプリを作る]のサンプルファイルを[Figmaで作るUIデザイン]プロジェクトに移動します。

1 下書きの一覧にあるサンプルファイルを ❶ 右クリックし、❷[ファイルを移動]を選択します。

< 下書き
下書き
❶
無題
❷

Point
Lessonのポイントや応用例などを紹介しています。

249

サンプルファイルについて

本書では、Chapter 1 で利用する練習用のファイルと、本書を執筆するにあたって構築した UI キット「Stockpile UI」の 2 つのデータを、本書のサポートページから入手できます。

本書の商品情報ページ
https://book.impress.co.jp/books/1123101030

● Chapter 1 練習について

「Chapter 1 練習」では、Lesson 2 以降に扱う Figma の基本機能の［オートレイアウト］や［スタイル］を、左側にお手本、右側に練習スペース、という形式で用意した、実践形式のファイルとなっています。

● Stockpile UI について

「Stockpile UI」は、本書を執筆するにあたって構築した UI キットで、Chapter 2 以降で利用するファイルです。UI キットとは、UI コンポーネントとスタイルをファイル内に集めたもので、この Stockpile UI を元にすることでスマートフォンアプリや Web ページを作成できるものとなっています。
本書では、Chapter 2 と Chapter 3 では Stockpile UI 自体の作り方を扱い、Chapter 4 以降では Stockpile UI を元にしたオリジナルアプリの作成を実践しますが、本データには Chapter 3 以降の実践の際に利用する作業用スペースも含まれています。

● Stockpile UI に含まれるデータ

Stockpile UI のサンプルファイルには、以下のデータが含まれています。

- ● Stockpile UI 本体
- ● Chapter 3 作業用ページ
- ● オリジナルアプリデータ
- ● オリジナルアプリ 作業用セクション

Stockpile UI 本体

Stockpile UI 本体は、さらに「ファウンデーション」と「コンポーネント」に分かれています。ファウンデーションは主に Chapter 2 で利用し、コンポーネントは主に Chapter 3 で利用します。

Chapter 3 作業用ページ

Chapter 3 作業用ページは、Stockpile UI のコンポーネントを実際に作成する際に、このページで作業するためのスペースです。

オリジナルアプリデータ・作業用セクション

オリジナルアプリのデータと作業用セクションは、左側にお手本、右側に練習用の作業スペースを用意しています。お手本を参考にしながら、作業スペースで実践してみましょう。

本書が提供する Stockpile UI・練習用ファイル、およびそれらに含まれる素材は、本書内の操作を学習する目的においてのみ使用することができます。
次に掲げる行為は禁止します。
素材の再配布／公序良俗に反するコンテンツにおける使用／違法、虚偽、中傷を含むコンテンツにおける使用／その他著作権を侵害する行為／商用・非商用においての二次利用

本書の構成

Figmaの基本操作からコンポーネントの作成、オリジナルアプリに実装して制作の流れを体験できる構成です。

基礎

Chapter **1**

Figmaの基本操作

Figmaの基本操作を実践できるChapterで、フレーム、オートレイアウト、スタイル、バリアブル、コンポーネントプロパティなど、実際にUIコンポーネントを作る上では必須の知識を解説しています。

制作

Chapter **2**

Stockpile UIの土台となる「ファウンデーション」

Stockpile UIの「ファウンデーションがどのように作られているのか」と「ファウンデーションの使い方」を解説します。

Chapter **3**

アプリやWebページの部品となる「コンポーネント」

Chapter 3では、Stockpile UIの核となる「コンポーネント」の作り方をそれぞれのLessonで解説します。

Chapter **4**

オリジナルアプリを作る準備

Chapter 3までに作った「Stockpile UI」を使用して、実際にオリジナルアプリの画面を作ります。見本を元に作ってみることで、「Stockpile UI」の活用方法をイメージできるでしょう。

実装

Chapter **5**

オリジナルアプリを作る

Chapter 4で用意したファウンデーション・コンポーネントを使用し、ピザのデリバリーアプリを作成します。サンプルファイルにある素材を使用し、実際に商品が並んでいるような画面にします。

Chapter **6**

デザインシステムについて知る

デザインシステムは、一定の基準と一貫性を保ち、効率的なデザインプロセスを実現するための仕組みです。デザインシステムの基本概念から、構築と運用に至るまでを解説します。

Figmaの基本操作

Chapter 1は、Figmaの基本操作を実践できるChapterで、
フレーム、オートレイアウト、スタイル、バリアブル、
コンポーネントプロパティなど、実際にUIコンポーネントを作る上では
必須の知識を解説しています。Chapter 2以降で
操作方法がわからなくなった際に参照できるようにしています。

Chapter 1 / Lesson 1

フレーム・プラグイン

Figmaの構成要素のうち、基本ともいえるものが［フレーム］です。フレームの機能について知っておきましょう。また、機能を拡張する「プラグイン」についても紹介します。

Keyword #フレーム #グループ #角の半径 #プラグイン #Figmaコミュニティ

フレーム

Figmaの［フレーム］について詳しく見ていきましょう。フレームには「デザインのサイズを定義する」機能と「複数の要素をまとめる」機能の2つの機能があります。

フレームでデザインのサイズを定義する

［フレーム］ツールを選びます。右サイドバーが「フレームパネル」となり、例えば［スマホ］の［iPhone 13 & 14］を選ぶと、幅390・高さ844のフレームが作成されます（図1-1）。

また、キャンバス上でドラッグした場合、その範囲がフレームとして作成されます。作るデザインに合わせたフレームを用意したい場合は、この方法でフレームを作成するとよいでしょう。

> 作成したフレームの左上にはフレーム名が表示されます。わかりやすいフレーム名にするのがおすすめです！

Point

スマホやパソコンサイズのフレームを用意した際に、高さのあるデザインの場合は用意したフレーム内にデザインが入りきらないため、フレームの高さはデザインの高さに応じて伸ばしましょう。

図1-1 フレームが作成される

フレームで複数の要素をまとめる

フレームの機能には、前述の「デザインのサイズを定義する」機能だけでなく、「複数の要素をまとめる」機能もあります。

例えば画像とテキストをまとめたい場合、その2つのレイヤーを選択した状態で `Ctrl`（Macでは `⌘`）+ `Alt`（`option`）+ `G` キーを押すことで、対象のレイヤーをまとめるフレームが作成されます。

> フレーム作成のショートカットキーはとにかくよく使うので覚えておきましょう！

フレームプロパティ

フレームの［プロパティ］には、❶サイズ自動調整、❷角の半径、❸コンテンツを隠すがあります（図1-2）。

［サイズ自動調整］は、フレーム内の要素の位置を移動させたりサイズを変更したりした際に、フレームのサイズをフレーム内の要素の範囲に合わせて再調整する機能です。

オートレイアウト→19ページ

［角の半径］は、数値を設定するとフレームの四隅の角が丸くなります。

［コンテンツを隠す］では、入り切らない範囲を隠すことができます。

図1-2 ［フレーム］のプロパティ

> オートレイアウトを適用しておくと、この［サイズ自動調整］を使わずにサイズ調整できることが多いです

もっと知りたい | グループとセクション

Figmaには、フレームとは別の機能として［グループ］［セクション］があります。

グループは、フレームと同じく複数の要素をまとめることができます。複数の要素を選択した状態で、`Ctrl`（`⌘`）+ `G` キーでグループ化されます。

セクションは、フレームとグループの2つの機能と違って、作業をしやすくする目的でキャンバス上の要素を整理できる機能です。複数のフレームまたはグループを選択し、右クリックメニューから［セクションを作成］とします。コンポーネントをまとめて配置しておくときや、一連の画面をまとめて置いておきたいときなどにセクションを使うとよいでしょう。

デザインタブからフレーム、グループ、セクションを切り替えることができます。

> グループかフレームかのどちらを選ぶかについては、オートレイアウトを利用する際などフレームにしかない機能があるため、フレームを使うことが多いです

要素を整列させる

複数の要素を整列させたい場合、[整列] の機能を
利用します。整列の機能は右サイドバーのデザイ
ンパネル上部から操作できます（図1-3）。

単体の要素を選択している場合、フ
レーム内にその要素がある場合以外
は整列が利用できません。単体の要
素がフレーム内にある場合は、「フ
レーム内の中央」「フレーム内の上端」
など、基準となる範囲に整列します

図1-3 [整列] の機能

[その他のオプション] からは [均等配置] [垂直
方向に等間隔に分布] [水平方向に等間隔に分布] を
選択できます（図1-4）。

要素の整列は [オートレイ
アウト] でも可能です。私
はオートレイアウトを積
極的に使っています

オートレイアウト→19ページ

図1-4 [その他のオプション] から選択できるもの

プラグイン

　Figmaには、さまざまな機能を追加できるプラグインという仕組みが搭載されています。プラグインの多くは一般のユーザーが開発したもので、これはFigmaがプラグイン開発を一般に開放しているためです。開発したプラグインは「Figmaコミュニティ」で公開することが可能です。

　プラグインには、アイコン関連のもの、写真関連のもの、アニメーション関連のものなど、多くのプラグインがあります。

Point

本書でもプラグインを導入しますので、その際にどんなプラグインを利用するのかを紹介します。

リソースからプラグインを導入する

プラグインの導入方法を見ていきましょう。上部ツールバーの **1** リソースをクリックし、**2** プラグインを選びます。**3** 検索窓に導入したいプラグイン名を入力すると候補が表示されるので、目的のプラグインの **4** [実行]をクリックすることで、利用できます。

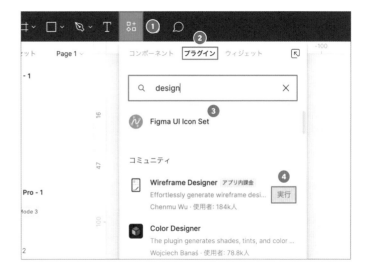

プラグインを実行すると、キャンバス内に別途ウィンドウが出るものが多いため、さらにそのウィンドウ内で操作をします。

また、一度実行したプラグインは［リソース］のパネルに［最近使用したリソース］として表示されます。マウスオーバーさせると「ࠫ（保存）」アイコンが表示されるので、再利用するプラグインはクリックしておきましょう。

［Figmaコミュニティ］から プラグインを導入する

［Figmaコミュニティ］はユーザー作成のプラグイン、デザインファイル、FigJamファイル、ウィジェットを一般公開できる場所です。

Figmaコミュニティに行くには、デスクトップアプリ版では左上の「🏠」アイコン右隣の「⊕」アイコンをクリックする、ブラウザ版では［ファイルブラウザ］の左サイドバー下部［⊕アイコンコミュニティを見る］からアクセス可能です。

Figmaコミュニティの画面に移動し、❶中央の入力欄に導入したいプラグイン名を入力します。候補が表示されますが、このとき「ファイル」や「作成者」も候補に挙がるので、❷［プラグイン］の項目であることを確認しましょう。導入したいプラグインをクリックすると、そのプラグインのページに移動しますので［場所を指定して開く］から、開きたいFigmaデザインファイルを選択することで、プラグインが立ち上がります。

Chapter 1

Lesson 2

オートレイアウト

このLessonでは、[オートレイアウト] について解説します。UIデザインをFigmaで作成するには欠かせない機能で、体系的なデザインを作りやすくなります。

Keyword #オートレイアウト #パディング

オートレイアウトとは

ショートカットキー：Shift + A

[オートレイアウト] はFigmaの特徴的な機能の1つで、周囲への余白（パディング）を設定できたり、アイテムの間隔を設定できたり、並べ方をコントロールできる機能です。[フレーム] や [コンポーネント] に設定できます。

図1-5は本書で扱うUIキット「Stockpile UI」のカードコンポーネントで、このレイアウトには3つのオートレイアウトが適用されています（図1-5）。

図1-5「Stockpile UI」のカードコンポーネント

フレーム→14ページ
コンポーネント→36ページ

オートレイアウトが適用されている要素は、右サイドバーに［オートレイアウト］パネルが表示されます。それぞれの項目は❶並べ方、❷アイテムの間隔、❸パディング、❹そろえ、❺詳細設定となります（図1-6）。

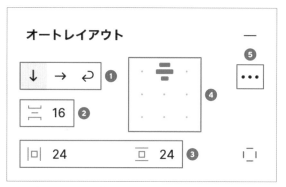

図1-6 右サイドバーの［オートレイアウト］パネル

カードコンポーネントに適用されているオートレイアウトの1つ、下部のオートレイアウトを見ていきましょう。

オートレイアウトには、周囲の余白を設定するために［垂直パディング］［水平パディング］として「24」が設定されています（図1-7）。

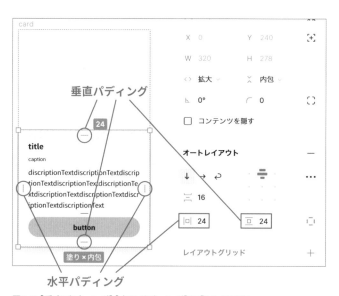

図1-7 ［垂直パディング］［水平パディング］は「24」に設定

また、［アイテムの間隔］として「16」が設定されています（図1-8）。

実際にFigmaファイル「ファイル」の「オートレイアウト」ページを開いてみて、オートレイアウトの設定を確認してみましょう！

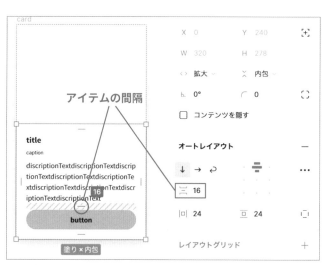

図1-8 ［アイテムの間隔］は「16」に設定

オートレイアウトを適用する

複数個のカードコンポーネントにオートレイアウトを適用する流れを見ていくことで、オートレイアウトの適用方法を学びましょう。

Figmaファイル「Chapter 1 練習」の「オートレイアウト」のページを開きます。

オートレイアウトを適用する

1 「練習」のセクション内に配置されている3つのカードを選択します。この3つのカードはズレて配置されていて、これらをまとめて選択した状態で Shift + A キーを押します。

> 右サイドバーの［オートレイアウト］パネル右上にある「＋」アイコンをクリックすることでも適用可能です

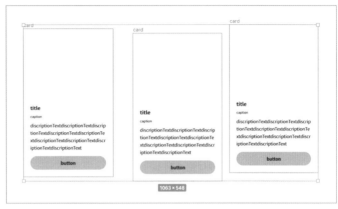

要素を選択した状態

2 カードを囲むかたちでオートレイアウトが適用されたフレームが作成されます。フレーム名は「card-area」とします。

3 アイテムの間隔を調整します。今回は16pxの間隔とします。［オートレイアウト］パネルの［アイテムの左右の間隔］に❶「24」の数値を入れると、それぞれの間隔が一律で24になります。

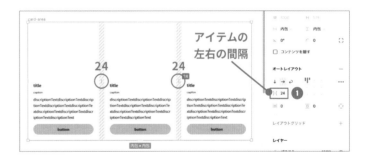

4 オートレイアウトの並びの方向を変えたい場合、［縦に並べる］［横に並べる］［折り返す］などから選びます。試しに❷［縦に並べる］とすると、横に並んでいたカードが縦並びになりました。

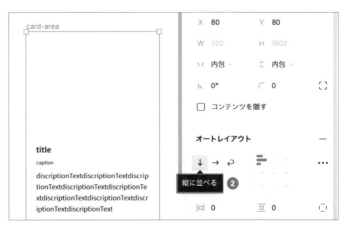

5 並びの方向の［折り返す］も試してみます。［折り返す］を選択すると、［横に並べる］と同じ表示になりますが、ここでフレームの右端をドラッグして縮めることで、カードが下に折り返されます。

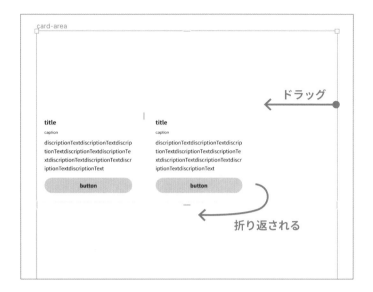

ドラッグ

折り返される

6 「折り返し設定」は［横に並べる］に戻しておきましょう。このとき、「card-area」の幅をちょうどいいサイズに調整するために、［フレーム］パネルの［水平方向のサイズ調整］設定を ❸［内包（コンテンツを内包）］にしておきます。

［コンテンツを内包（内包）］については、本Lessonのxxページで扱います

7 「card-area」の周囲に［パディング（余白）］を設定します。［水平パディング］に左右の余白を「24」、［垂直パディング］に上下の余白を「24」と入力します。また、どの部分にパディングが追加されたのかわかりやすくするためにも、フレームの［塗り］に「#CCCCCC」を設定しておきます。

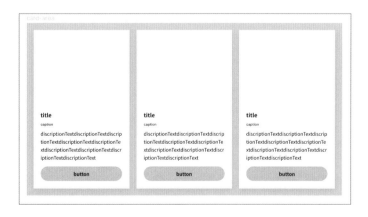

完成 オートレイアウトの適用ができました。

知っておきたいオートレイアウトの機能

ほかにも知っておきたいオートレイアウトに関連する機能をまとめて紹介します。

並びの順番の入れ替え

オートレイアウトを適用することで、並びの順番の入れ替えがしやすくなります。3つのカードのうち、「カードその1」を選択し、右にドラッグしてみましょう。カット&ペーストなどをせずに、順番の入れ替えができます。

入れ替えたことがわかりやすくなるよう、上部の長方形は色を変更しています

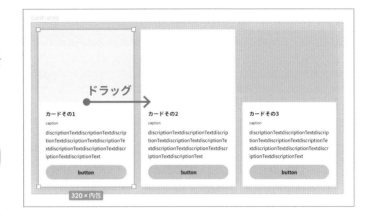

そろえ

オートレイアウトでは、[そろえ]の位置を調整できます。高さが不定の要素を横に並べた場合に、上にそろえるか、中央にそろえるか、下にそろえるかを調整したいときに利用します。

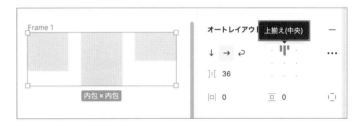

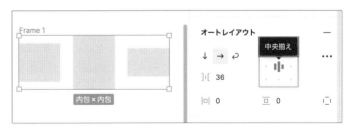

並びの方向が[縦に並べる]の場合、[左そろえ]や[右そろえ][上そろえ（左）]などを利用してそろえることになります

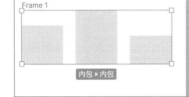

［コンテナに合わせて拡大］と［コンテンツを内包］

［コンテナに合わせて拡大］と［コンテンツを内包］
は、オートレイアウトが設定されている要素の幅や高
さのすぐ下の項目をクリックすると表示される項目で
す（図1-9）。これらを利用することで、内側の要素に応
じた幅や高さ、外側の要素に応じた幅や高さを設定で
きます。

図1-9 オートレイアウトが設定されている要素の幅
や高さの下の項目をクリックする

● ［コンテナに合わせて拡大］

　カードタイプの要素を水平方向に並べる際に、それぞれの高さが異なっている場合を考えます。3つのカード
要素のうち、最も高さのあるカードにそろえたいときに［垂直方向のサイズ調整］を［コンテナに合わせて拡大］
に設定すると、高さが不足しているカードが広がることでそろえることができます（図1-10）。

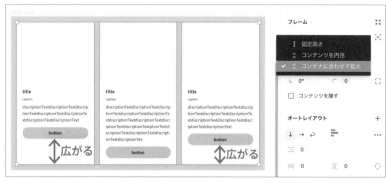

図1-10 高さが広がってそろえることができる

● [コンテンツを内包]

[コンテンツを内包]では、内側にある要素に応じて幅や高さが決まります。オートレイアウトを設定した要素は、基本的にはこの値をとります。この値では、例えばカードタイプの要素の場合、中のテキスト量が増えて行数が多くなった場合に、その行数に応じてカードの高さも調整されます。

[コンテナに合わせて拡大]と[コンテンツを内包]は直感的にわかりづらいかもしれませんので、ぜひ本書のコンポーネントを触って試してみてください！

間隔を[自動]にする

オートレイアウトの[間隔]は、整数値以外に[自動]を設定することができます（図1-11）。

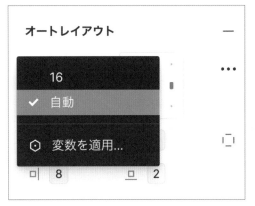

図1-11 オートレイアウトの[自動]

アイテムの間隔を[自動]にすることで、アイテム間を均等にすることができ、ヘッダーナビゲーションなど、幅が変わるレイアウトなどに有効です（図1-12）。

図1-12 幅を広げても要素が左右の端に配置される

[絶対位置]と[制約]

[絶対位置]は、オートレイアウトの内側に配置された要素を、任意の位置に配置できる機能です。絶対位置を適用させるには、オートレイアウトの内側の要素を選択し、右サイドバーの[オートレイアウト]パネル右上の「」アイコンから可能です（図1-13）。

図1-13 絶対位置

[絶対位置] と [制約] を活用した例として、右端にアイコンを配置するボタンがあります（図1-14）。図と同じ状態になるよう、[絶対位置] を調整してみましょう。

図1-14 アイコンを配置するボタン

[制約] は、外側の要素を広げた際に、どのへんを基準に要素が配置されるのかをコントロールできる機能です。

例えば [絶対位置] を適用している右端のアイコンの [制約] を「左」にしてしまうと、ボタンを広げたときにアイコンは右端に配置されません。そこで [制約] を「右」にすることで、ボタンの幅にかかわらずアイコンが右端になります。

垂直方向の [制約] は「中央」に設定して、これによって高さが変わっても上下の位置が中央になります

最大・最小幅、最大・最小高さ

オートレイアウトが設定されている要素では、幅や高さの最大値・最小値を設定できます（図1-15）。

図1-15 幅や高さの最大値・最小値を設定できる

オートレイアウトが設定されている要素だけでなく、その内側の要素にも設定ができます

スタイル

Figmaでは、色やテキストの設定内容を使い回すことができる機能を［スタイル］と呼びます。このLessonでは、スタイルの種類と実装方法について解説します。

Keyword #スタイル #色スタイル #テキストスタイル #ライブラリ

スタイルとは

［スタイル］は、色やテキストなどの値や設定を登録でき、それらを使い回すことのできる機能です。

同じ種類の見出しをページデザインの複数箇所に設定したい場合、それぞれの箇所のフォントの種類、サイズなどの設定を毎回設定し直すことも手間がかかります。色についても、カラーコードを毎回コピーしたり直接打ち込むのは大変ですし、ミスの原因にもなります。

そこで、Figmaのスタイルを利用して使い回すとよいでしょう。

> **Point**
>
> **色スタイルとバリアブル**
>
> ［バリアブル］という機能のうち、カラーのバリアブルは色スタイルと近い機能を持っています。本書で扱う「Stockpile UI」では、バリアブルで色を指定しています。
>
> バリアブル→48ページ

スタイルの種類

Figmaで扱えるスタイルは以下の4つです。

- 色スタイル
- テキストスタイル
- エフェクトスタイル
- グリッドスタイル

色スタイル

カラーを登録できるスタイルが［色スタイル］です（図1-16）。

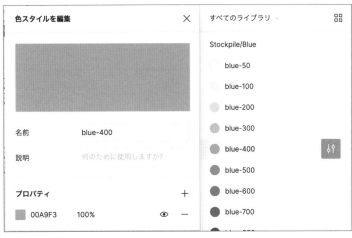

図1-16 色スタイル

テキストスタイル

[テキストスタイル]は、フォントの種類、太さ、サイズなどを登録できます（図1-17）。

> **Point**
>
> テキストスタイルには色の情報は含まれません。色もスタイルとしてコントロールするには、テキストに色スタイルを設定することになります。

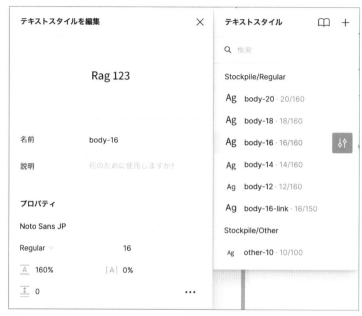

図1-17 テキストスタイル

エフェクトスタイル

[エフェクトスタイル]は、ドロップシャドウやレイヤーブラー（ぼかし）などを登録できます（図1-18）。

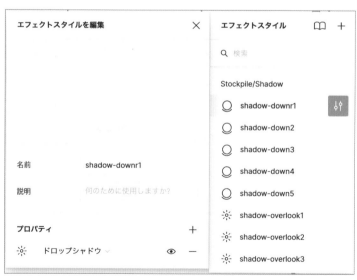

図1-18 エフェクトスタイル

グリッドスタイル

　Figmaでの作業をしやすくするためのガイドとなる機能が［レイアウトグリッド］で、フレームなどに設定し、基準となる線を表示するものです（図1-19）。

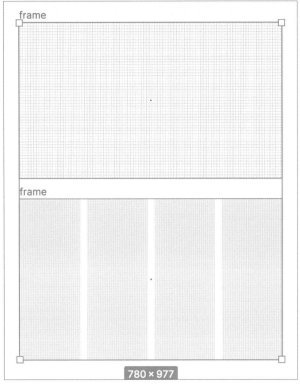

本書ではレイアウトグリッドは利用していません。その理由は、レイアウトグリッドを利用しなくても、そろえる機能として［オートレイアウト］が優秀であることが挙げられます

図1-19 レイアウトグリッド

　このレイアウトグリッドをスタイルとして登録できるものが［グリッドスタイル］です（図1-20）。

図1-20 グリッドスタイル

スタイルを作成する

Figma上で [スタイル] を作成、反映する方法を見ていきましょう。ここでは代表的なスタイルとして、[テキストスタイル] [色スタイル] の2つを取り上げます。

Figmaファイル「Chapter 1 練習」の「スタイル」のページを開きます。

テキストスタイルの作成方法

1 スタイルとして登録したいテキストレイヤーを選択します。デザインタブ内のテキストパネル右上に表示される❶「⠿」アイコンをクリックします。

2 [テキストスタイル] のパネルが表示されるので、右上の❷「＋（スタイルを作成）」アイコンをクリックします。作成済みのスタイルがある場合はこのパネルに表示されます。

③ 名前と説明を入力できるパネルが表示されるので、[名前]の入力欄にスタイルの名前（ここでは❸「regular-16」）を入力し、❹[スタイルの作成]ボタンをクリックします。

完成 スタイルの作成ができました。

色スタイルの作成方法

① カラーが設定された要素を選択します。[塗り]パネル右上に表示される❶「∷（スタイルとバリアブル）」アイコンをクリックします。

② ライブラリパネルが表示されるので、パネル右上の❷「＋（新しいスタイルまたはバリアブル）」アイコンをクリックします。

3 このパネルでは［スタイル］だけでなく［バリアブル］も選べますが、もしバリアブルが選ばれている場合は **③** スタイルを選択します。［名前］の入力欄にスタイルの名前として **④**「gray-800」を入力し、**⑤**［スタイルの作成］ボタンをクリックします。

完成 色スタイルができました。
バリアブル→48ページ

● スタイルを確認する

　何も要素を選択していないときに右サイドバー内に表示される［ローカルスタイル］にて、作成済みのスタイルを一覧で確認できます（図1-21）。

図1-21 ローカルスタイル

このとき、スタイル名の左側に「▶」アイコンがある場合は、フォルダとしてグループ化されていることを示しています（図1-22）。「▶」アイコンをクリックすると、フォルダ内のものを確認できます。フォルダは入れ子にできるため、さらに内側にフォルダが用意されている場合もあります。

> ── Point ──
> グループ（フォルダ）分けは、「/（スラッシュ）」を含めた名前にすることで、作成できます。スタイル名については命名規則にもとづいて決めるとよいでしょう。Chapter2 Lesson 3「命名規則」で解説しています。
>
> 命名規則→78ページ

図1-22「▶」アイコンをクリックするとフォルダ内を見ることができる

● 作成済みスタイルを変更する

作成したスタイルを変更したい場合、スタイル名をマウスオーバーさせたときに表示される「⋔（スタイルを編集）」アイコンから調整可能です（図1-23）。

図1-23 スタイルを編集

スタイルを要素に反映させる

　作成済みのスタイルを反映させる方法を見ていきましょう。ここではテキストスタイルを反映します。

1 テキストの要素を選択し、右サイドバーのテキストパネル右上にある❶「∷（スタイル）」アイコンをクリックします。

2 テキストスタイルのパネル内に、利用可能なスタイルが一覧表示されるので、反映させたいスタイルを❷選択します。

完成 テキストスタイルができました。

　また、適用済みのスタイルを解除する場合、パネルのスタイル名の右に表示される「⿰（スタイルを解除）」アイコンをクリックすることで可能です。

テキスト ❶ ∷ スタイル

Noto Sans JP

Black ⌄ 　　12

A 160%　　|A| 0%

テキストスタイル 📖 ＋

🔍 検索

sample

❷

Ag regular-16 · 16/160

Workspace for Figma UI

book-format

Ag body · 11/150

Ag bold · 11/150

⿰アイコンは、マウスオーバーすることで表示されます

Ag sample/regular-16　⿰

スタイルを解除

もっと
知りたい | ライブラリ

[ライブラリ] 機能は、同一チーム内のデザインファイル間を
またいで [スタイル] や [コンポーネント] [バリアブル] を利用
できる機能です (ライブラリ機能は [スターター] プランでは
利用できません)。

コンポーネント→36ページ
バリアブル→48ページ

現在のファイル内のスタイルなどを
ライブラリに登録する

1 左サイドバーの❶ [アセット] タブをクリックし、右上
の❷「◫」(ライブラリ)」アイコンをクリックします。

2 ライブラリパネルが表示されるので、デザインファイ
ル名の右の❸ [公開] ボタンをクリックします。

3 バリアブル、スタイル、コンポーネントの一覧が表示さ
れるので、問題がなければ右下の❹ [公開] ボタンをク
リックします。

4 ファイル内のスタイルなどに変更がある場合、上記手
順1〜手順3を再度実行することで反映されます。

完成 ライブラリの登録ができました。

ライブラリをファイルに反映する

左サイドバーの [アセット] タブ右上の「◫ (ライブラリ)」ア
イコンをクリックし、ライブラリパネルを表示させます。
チーム名と登録済みのライブラリが表示されるので、ファイル
に反映させたいスタイルなどを含むライブラリの❶ [ファイ
ルに追加] ボタンをクリックします。

コンポーネント

［コンポーネント］は、ボタンやナビゲーションなどの要素を1つのまとまりとして登録し、使い回すことができる機能です。UIデザインやWebデザインを効率的に制作することができます。

Keyword　#コンポーネント #インスタンス

コンポーネントとは

　［コンポーネント］は、要素のまとまりをファイル内で再利用できる機能です（図1-24）。UIデザインやWebデザインでは、ボタンやヘッダーナビゲーションなどの要素を何度も利用することになり、それらをコンポーネントとして登録し、再利用することができるので、効率面で重要な機能です。

図1-24 コンポーネント

コンポーネントを作成する

　Figmaファイル「Chapter 1 練習」の「コンポーネント」のページを開きます。

　コンポーネントを作成するには、コンポーネントにしたい要素を選択し、Alt（Macではoption）+Ctrl（⌘）+Kキーを押します。

　コンポーネントとなった要素は❶選択時の枠線が紫色になり、要素左上のコンポーネント名の先頭に❷「❖」アイコンが表示されます。また、❸左サイドバーのレイヤーパネルでも紫色の表示となります（図1-25）。

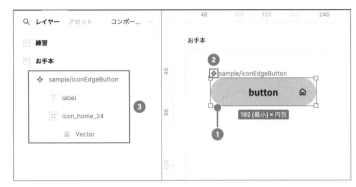

図1-25 紫色の表示に変わる

Point

コンポーネントの作成はショートカットキー以外だと、要素を選択して右クリックし、[コンポーネントの作成]から可能です。
ほかにも、要素選択時にツールバーの中央に表示される「❖」アイコンをクリックすることでもコンポーネントを作成可能です。

Point

コンポーネントにする要素は、わかりやすい名前をつけておくとよいでしょう。命名規則を用意しておくとよいです。

命名規則→78ページ

コンポーネントとインスタンス

　コンポーネントは複製して利用することになります。このとき、コンポーネントから複製されたものを[インスタンス]と呼びます。

　インスタンスはコンポーネント同様、❶選択時の枠線が紫色になりますが、要素左上にはインスタンス名は表示されません。また、左サイドバーのレイヤーパネルなどに表示されるインスタンスを表すアイコンは❷「◇」アイコンとなります（図1-26）。

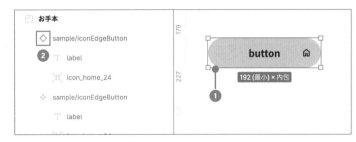

図1-26 インスタンス

メインコンポーネントとインスタンスの違い

インスタンスと区別するため、複製される前のコンポーネントを「メインコンポーネント」と呼ぶこともあります。

メインコンポーネントを変更すると、インスタンスすべてに変更が反映されます。一方で、インスタンスを変更しても影響範囲はそのインスタンスのみとなります。

実際に「ファイル」で試してみましょう。「練習」に緑色のボタンコンポーネントとインスタンスがあるので（図1-27）、このコンポーネントを変更してみます。

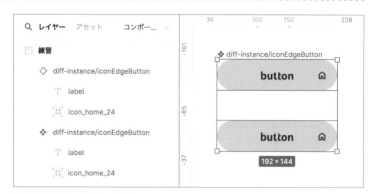

図1-27 メインコンポーネント

緑色であるメインコンポーネントの［塗り］の色を赤色にしてみましょう。そうすることで、インスタンスも同様に赤色になったことがわかります。一方で、インスタンスの［塗り］を黄色など別の色にしても、メインコンポーネントには反映されないことを確認してみましょう（図1-28）。

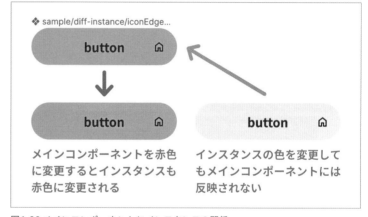

メインコンポーネントを赤色に変更するとインスタンスも赤色に変更される

インスタンスの色を変更してもメインコンポーネントには反映されない

図1-28 メインコンポーネントとインスタンスの関係

> コンポーネントを使うことで、「開発途中でボタンの色が変更になった！」というときに、配置済みのボタンを一度消して、すべてのボタンをいちいちコピー&ペーストで差し替えるなんてことをしなくていいんです

Point

インスタンスをリセットする

メインコンポーネントから変更したインスタンスを、メインコンポーネントの状態に戻したいときは、右クリックし、［すべての変更をリセット］をクリックします。ツールバーの［すべての変更をリセット］からも可能です。

コンポーネントを利用する

コンポーネントの利用は、メインコンポーネントをコピー&ペーストすることでインスタンスになります。ほかにも複数のコンポーネントの利用方法があるので、紹介します。

Point

Figmaでは、[Alt]（Macでは[option]）キーを押しながら要素をドラッグすることで要素を複製でき、この方法でコンポーネントを複製した場合もインスタンスとして配置されます。
また、バリアントを利用している場合、要素をコピー&ペーストすると新しいバリアントが作成されてしまうため、インスタンスとして配置されません。

バリアント→43ページ

コンポーネント利用の2つ目の方法は、左サイドバーの［アセット］タブからドラッグ&ドロップでキャンバスに配置する方法です。アセットに表示されるコンポーネントの一覧から、利用したいコンポーネントのサムネイルをドラッグ&ドロップでキャンバスに配置します（図1-29）。

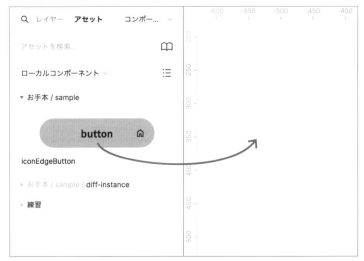

図1-29 ドラッグ&ドロップでキャンバスに配置

3つ目の方法は、コンポーネント一覧の❶サムネイルをクリックすると表示される詳細パネルから❷［インスタンスを挿入］をクリックすることで、キャンバスに配置されます（図1-30）。

図1-30 ［インスタンスを挿入］

4つ目は、ツールバーの ❶ ［リソース］からの利用方法です（図1-31）。パネル内の ❷ ［コンポーネント］タブを開くことでコンポーネントが表示されるので、ドラッグ＆ドロップまたはクリックでキャンバスに配置できます。このとき、❸ ［最近利用したリソース］から［ローカルコンポーネント］などに表示を切り替えられます。

作成中のアプリ画面やWebページ画面の中のボタンなどの要素をコンポーネントにしてしまうと、一見どの要素がコンポーネントなのかが判別しづらくなってしまいます。そこで、コンポーネントはコンポーネントとしてまとめておくのがよいでしょう。

Figmaの機能の［ページ］にコンポーネントの一覧をまとめるか、ページの左側や上部などにまとめておきます。

図1-31 ［リソース］からの利用

Point

［バリアント］や［コンポーネントプロパティ］については、次のLessonで扱います。
コンポーネントプロパティ→41ページ

コンポーネントの中にインスタンスを配置

コンポーネントを作成する際に［ローカルコンポーネント］を選択すると、要素の中にインスタンスを配置したものをコンポーネント化することができます（図1-32）。この仕様を活用することで、コンポーネントの数を無駄に増やすことが減ります。

初心者にとって「どの要素をコンポーネント化するか」は悩みがちなポイントだと思います。そんなときはChapter 3のコンポーネントを参考にしてください。Chapter 4以降ではピザ配送アプリを作成しますので、そちらも参考になると思います

図1-32 コンポーネント化

Chapter
1

Lesson
5

コンポーネントプロパティ・バリアント

Lesson 4で紹介しきれなかった［コンポーネントプロパティ］について解説します。ボタン要素にコンポーネントプロパティを適用していく手順を紹介します。

Keyword　#コンポーネントプロパティ #バリアント

コンポーネントプロパティとは

　［コンポーネントプロパティ］とは、コンポーネントにバリエーションを持たせることで差分を用意できる機能です（図1-33）。この機能があることで、たとえば色違いのボタン、アイコンのある・なしのボタン、線のあるボタンなどパターン違いのボタンを用意することができます。

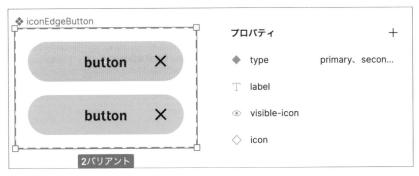

図1-33 コンポーネントプロパティ

> コンポーネントプロパティが設定されている場合、右サイドバーの［プロパティ］パネルに表示されます

　コンポーネントプロパティには、［バリアント］［ブール値］［インスタンスの入れ替え］［テキスト］の4つがあります。それぞれを見ていきましょう。

> **Point**
>
> ### ［バリアブル］と［バリアント］
>
> Chapter1のLesson 6で扱う［バリアブル］は、名前がバリアントと似ていますが機能はまったく違うものです。
>
> バリアブル→48ページ

バリアント

　［バリアント］は、複数のコンポーネントをまとめて1つの［コンポーネントセット］という形式で設定できるもので、複数のパターンを管理しやすくなる機能です（図1-34）。

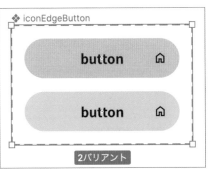

> コンポーネントプロパティのうち、私はバリアントを一番使います

図1-34 周囲の紫の破線が［コンポーネントセット］

ブール値

[ブール値]はコンポーネント内の要素に「真、偽」の値を設定できるもので、これは要素の「表示、非表示」を切り替えるときに使用します（図1-35）。

図1-35 ブール値

インスタンスの入れ替え

[インスタンスの入れ替え]は、コンポーネント内に配置したインスタンスを、ファイル内の別の箇所で用意したインスタンスに入れ替えられる機能です（図1-36）。

図1-36 インスタンスの入れ替え

テキスト

[テキスト]は、編集可能なテキストレイヤーをコンポーネント内に配置できる機能です（図1-37）。

図1-37 テキスト

バリアントを使う

［バリアント］の使い方を見ていきましょう。Figmaファイル「Chapter 1 練習」の「コンポーネントプロパティ・バリアント」のページを開きます。

バリアントのプロパティを作成する

1 ボタン要素を選択し、Alt（Macでは option）+ Ctrl（⌘）+ K キーでコンポーネントを作成します。

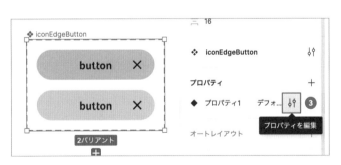

2 コンポーネントを選択中に、ツールバー中央に表示される ❶［バリアントの追加］をクリックし、バリアントを追加します。

3 下部のボタンの色を青色から別の色に変えるため、下部のボタンを選択し、❷［塗り］を「#CCCCCC」に変更します。2パターンのボタンが用意できました。

4 コンポーネントセットを選択し、右サイドバーのデザインタブ内に表示される［プロパティ］の項目にマウスホバーすると表示される ❸「↕♦（プロパティを編集）」アイコンをクリックします。

5 表示されるパネル内の［名前］の項目を ❹「色」、［値］の上の項目を ❺「青」、下の項目を ❻「グレー」とします。

完成 バリアントのプロパティが作成できました。

今回は日本語名にしましたが、命名規則に基づいた名前にするとよいでしょう

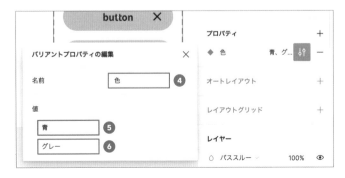

バリアントを利用する

作成済みのバリアントを利用するには、ボタンを[インスタンス]としてキャンバスに配置します。

このとき、[アセット]パネル内のコンポーネントにバリアントが設定されている場合、マウスオーバーした際に「2」などバリアントの数を表した数字が表示されます(図1-38)。

図1-38 バリアントの数が表示される

配置したインスタンスを選択すると、右サイドバーに先ほど設定した「色」が「青(またはグレー)」の項目があるので、値のほうを「グレー(または青)」に切り替えることで、バリアントを切り替えることができます(図1-39)。

図1-39 バリアントを切り替えることができる

コンポーネントプロパティを使う

バリアント以外のコンポーネントプロパティの使い方を見ていきましょう。

先ほどの「バリアントを使う」で作成したボタンに、[インスタンスの入れ替え][ブール値][テキスト]のコンポーネントプロパティを適用していきます。

┃ インスタンスの入れ替えの プロパティを作成する

[インスタンスの入れ替え]は、アイコンの種類が複数あるボタンのようなコンポーネントに適用することで、バリアントを増やすことなく種類の入れ替えができます。

① 事前にアイコンをコンポーネント化しておく必要があります。コンポーネント化済みの「×」アイコンと「>」アイコン、「🏠」アイコンを用意しました。

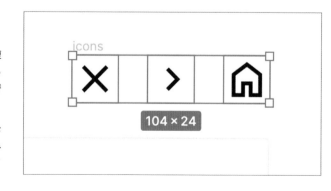

2 ボタンコンポーネントの中の「×」アイコンは手順1で用意したコンポーネントを、事前にインスタンスとして配置しています。

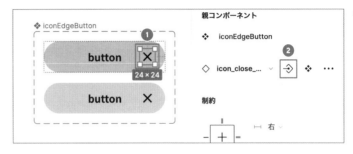

3 コンポーネント内のアイコンの❶インスタンスを選択し、右サイドバーのパネルに表示される❷「⇢（インスタンスの入れ替え）」アイコンをクリックします。

4 ウィンドウが表示されるので、[名前]の項目に❸「アイコン入れ替え」と入力します。

5 今回は「×」と「→」を選択できるようにしたいので、[優先する値]の欄の右上にある❹「＋（優先する値を選択）」をクリックし、「×」アイコン、「>」アイコン、「🏠」アイコンの❺3つにチェックを入れます。最後に❻[プロパティを作成]ボタンをクリックします。

完成 インスタンスの入れ替えプロパティが作成できました。

ブール値のプロパティを作成する

表示・非表示を設定できる［ブール値］は、アイコンのような要素に適用することで、必要なインスタンスにはアイコンを表示させ、不要なインスタンスでは非表示とできます。

1 ボタンコンポーネント内の、右端に配置されているアイコン要素を選択します。

2 右サイドバーの［レイヤー］パネル右上にある ❶「 (ブール値プロパティを作成)」アイコンをクリックします。

3 ウィンドウが表示されるので、［名前］の項目に ❷「アイコンを表示」と入力し、❸［プロパティを作成］ボタンをクリックます。

完成 ブール値のプロパティが作成できました。

テキストのプロパティを作成する

ボタンコンポーネントのテキスト部分は、「続きを読む」や「詳しく見る」など、変更が必要な場合が多くあります。そういったケースで、［テキスト］のコンポーネントプロパティを利用すると便利です。

1 ボタンコンポーネント内のテキスト要素を選択します。

2 右サイドバーの［テキスト］パネル右下にある ❶「 (バリアブルを適用)」アイコンをクリックします。

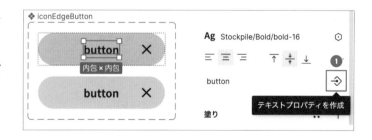

3 ウィンドウが表示されるので、[名前]の項目に **❷**「ボタンラベル」と入力し、[値]はそのまま **❸**「button」とし、**❹**[プロパティを作成]ボタンをクリックします。

> コンポーネントプロパティを作成　✕
>
> 名前　　　　　　❷　ボタンラベル
>
> 値　　　　　　　❸　button
>
> ❹　プロパティを作成

完成 テキストのプロパティが作成できました。

コンポーネントプロパティを利用する

コンポーネントプロパティを利用する際の流れを確認しましょう。

コンポーネントプロパティは、[インスタンス]として配置すると表示される、右サイドバーのパネルから利用が可能です（図1-40）。

最上部の項目は **❶**[バリアント]で、値の箇所（図では「青」）の選択によって、バリアントの表示を切り替えられます。

❷[ブール値]は、トグルスイッチ部分をクリックすることで、オンは表示、オフは非表示となります。

❸[インスタンスの入れ替え]は、配置したアイコンのインスタンス名部分をクリックすることで、入れ替え対象となるインスタンスが選べます。

❹[テキスト]は、「ボタンラベル」の入力欄をクリックすると、任意のテキストに変更できます。

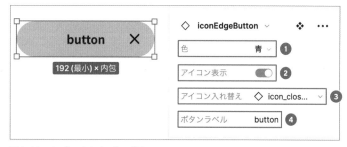

図1-40 コンポーネントプロパティ

> **Point**
>
> 設定済みのコンポーネントプロパティは、コンポーネントセットを選択することで確認できます。

> コンポーネントプロパティを使うことでコンポーネントの数を減らせるので、積極的に使っていきましょう

Chapter
1

Lesson
6

バリアブル

[バリアブル]は、Figma内の「値」を登録することで再利用できる機能です。バリアブルを活用することで、中規模～大規模なWebデザインやアプリデザインを制作する際に役立ちます。

`Keyword` #バリアブル #デザインシステム #デザイントークン #モード

バリアブルとは

[バリアブル]とは、直訳すると「変数」のことで、Figma内の「値」を登録することで再利用できる機能です。
バリアブルを使うことで、色や数値を「デザイントークン」の考え方を用いて運用できるため、デザインシステムが必要な中規模～大規模なWebデザインやアプリデザインにおいて役立つ機能です。

用語解説

変数
データを一時的に保存しておき、再利用することができる仕組み。プログラミングで用いられる「変数」と同じ意味。

デザイントークン→78ページ
デザインシステム→368ページ

バリアブルには、種類として[カラー][数値][文字列][ブーリアン]の4種類があります（図1-41）。

また、バリアブルは[モード]を作成できます。
複数の[モード]を利用したバリアブルを用意することで、「ダークテーマ」「ライトテーマ」などテーマの切り替えや、「日本語」「英語」など言語を切り替えられるようなデザインにすることができます。

モード→54ページ

Point

複数のモードを利用したい場合、有料プラン（プロフェッショナル以上のプラン）を利用する必要があります。

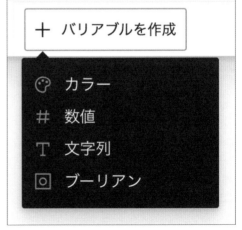

図1-41 バリアブルの4種類

バリアブルを作成する

バリアブルを作成してみましょう。ここでは、カラーバリアブルを作成します。
Figmaファイル「Chapter 1 練習」の「バリアブル」のページを開きます。

カバーバリアブルを作成する

1 要素を何も選択していない状態
で、右サイドバーに表示される
① [ローカルバリアブル] をク
リックします。表示されたウィ
ンドウの下部にある **②** [＋バリ
アブルを作成] をクリックし、**③**
[カラー] を選択します。

2 **①** [名前] の列には「White」、**②**
[値] の列は最初から設定されて
いる「FFFFFF」のままとします。

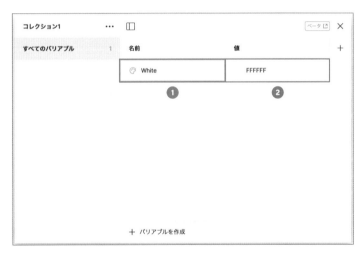

完成 カラーバリアブルが作成できま
した。

カラーバリアブルを [塗り] パネルから作成する

カラーのバリアブル作成については、[塗り]や[線]のパネルから作成する方法もあります。

[塗り] パネルから
カラーバリアブルを作成する

1 要素を選択し、右サイドバーの [塗り] パネ
ルの右上にある **①**「 （スタイルとバリア
ブル）」アイコンをクリックします。

2 ライブラリパネルが開くので、右上の **2**「＋（新しいスタイルまたはバリアブル）」アイコンをクリックします。

3 開いたパネルには［スタイル］と［バリアブル］のタブがあり、そのうちの **3**［バリアブル］を選択し、名前を **4**「sample01」と入力して **5**［バリアブルを作成］ボタンをクリックします。

バリアブルの調整と削除

作成したバリアブルを調整する場合は、バリアブルの行の右端にマウスオーバーすると表示される「▌▌（バリアブルを編集）」アイコンをクリックすることで可能です（図1-42）。

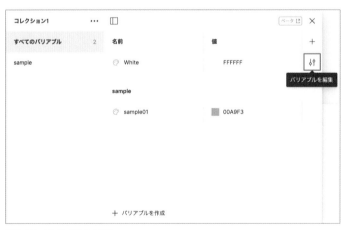

図1-42 バリアブルの調整

バリアブルを削除する場合、❶ バリアブルの行で右クリックをし、❷ [バリアブルを削除] を選択します（図1-43）。

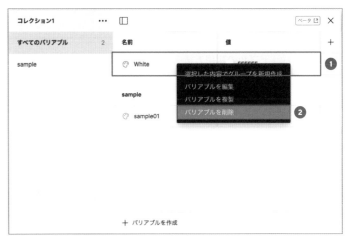

図1-43 バリアブルの削除

コレクションとグループ

[コレクション] と [グループ] は、どちらもバリアブルを管理・整理するための機能です。

コレクションは、バリアブルの大枠としてのまとまりです。バリアブルのパネルで、左側の❶「…」アイコンをクリックすると項目が表示され、❷ [コレクション名を変更] でデフォルトの名前から変更でき、❸ [コレクションを作成] で新しくコレクションを作成できます（図1-44）

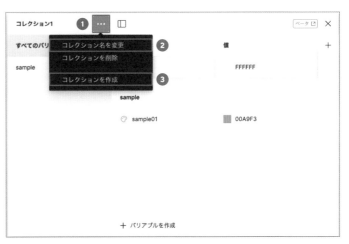

図1-44 コレクション

もっと知りたい | Styles to Variables

ファイル内に作成済みのカラースタイルが多数ある場合で、それらをバリアブルとしても登録したい場合、「Styles to Variables」というプラグインを使うとよいでしょう（図1-45）。スタイルをバリアブルとして登録できます。

図1-45 https://www.figma.com/community/plugin/1253669344925342575/styles-to-variables

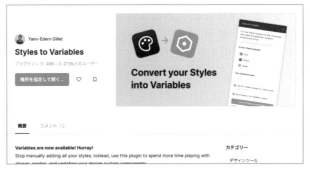

バリアブルを利用する

続いて、バリアブルの利用方法を見ていきます。

> **Point**
>
> カラー以外のバリアブルはサンプルデータ内に事前に設定されています。

カラー

［カラー］のバリアブルを［塗り］に適用する場合、要素を選択し、右サイドバーの「塗り」パネルの右上にある❶「╏╏（スタイルとバリアブル）」アイコンをクリックし、❷「sample01」を適用します。［ライブラリ］パネルの中に、スタイルとバリアブルが一覧として表示されます。このとき、バリアブルは❸正方形のサムネイル、スタイルは❹円形のサムネイルとなります（図1-46）。

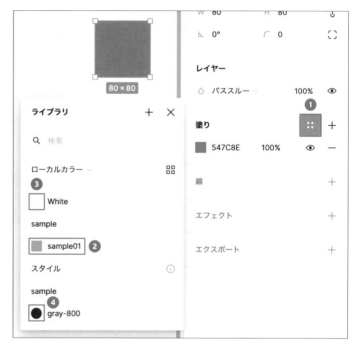

図1-46 カラーのバリアブル

数値

［数値］のバリアブルは、要素の幅や高さに適用可能です。要素を選択し、❶［W（幅）］や［H（高さ）］の入力欄にマウスオーバーし、❷「◇」アイコンをクリックすることで、作成済みのバリアブルが表示されます。その中から選択、適用することができます（図1-47）。

> **Point**
>
> 数値のバリアブルが未設定の場合は、幅や高さなどにマウスオーバーしても◇アイコンは表示されません。

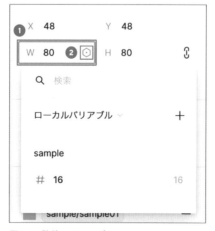

図1-47 数値のバリアブル

052

文字

［文字］のバリアブルは、［テキスト］パネルで適用可能です。テキストパネル右下の「◎（バリアブルを適用）」アイコンをクリックすると、作成済みのバリアブルが表示されるので、その中から選択、適用します（図1-48）。

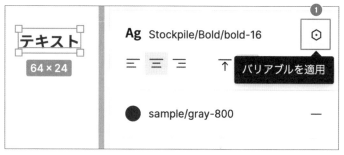

図1-48 文字のバリアブル

ブール値

［ブール値］のバリアブルは、［レイヤー］パネルで適用可能です。「👁」アイコンを右クリック（通常のクリックではありません）すると、ブール値のバリアブル一覧があるパネルが表示されるので、その中から選択、適用します（図1-49）。

図1-49 ブール値のバリアブル

> 一見、ブール値の活用方法がわからないかもしれませんが、モードと組み合わせることで「このモードでは非表示にする」といった使い方や、プロトタイプで「この要素をクリックしたら非表示にする」といったことができます！

Point

［カラー］と［数値］には、［スコープの設定］タブで適用範囲を設定することができます。例えば数値のうち「幅と高さ」、「間隔」にはバリアブルを適用可能にし、「角の半径」や「テキストコンテンツ」などには適用不可にする、といったことが可能です（図1-50）。

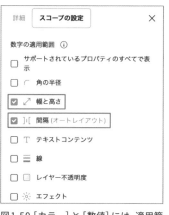

図1-50 ［カラー］と［数値］には、適用範囲を設定できる

モードを利用する

バリアブルに [モード] を追加する方法を見ていきましょう。

Point

モードの追加には、有料プラン（プロフェッショナル以上のプラン）を利用する必要があります。

モードを追加する

1 要素を何も選択していない状態で、右サイドバーに表示される ❶ [ローカルバリアブル] をクリックします。パネルの右上、[値] の右隣にある ❷「＋（新しいバリアブルモード）」アイコンをクリックすることで、モードが追加されます。

2 初期状態では「Mode 1」「Mode 2」という名前になりますが、❸ 名前の「Mode 1」などの箇所をダブルクリックすることで名前を変更できます。

完成 モードを追加できました。

モードを用いた言語の切り替え

モードを用いた言語の切り替えを、ボタンのテキスト部分で試してみます。

コレクションを新規作成する

まず、コレクションを新規作成します。

1 パネル内左上の ❶ […（その他のオプション）] をクリックし、❷ [コレクションを作成] とクリックします。コレクション名は「Text」とします。

2 ウィンドウ中央の ③［＋バリアブルを作成］をクリックし、④［文字列］を選びます。

3 ［名前］の列には ⑤「送信する：ボタンラベル」、［値］の列は ⑥「送信する」と入力し、⑦「＋（新しいバリアブルモード）」アイコンをクリックします。

4 「Mode 1」を ⑧「Japanese」、「Mode 2」を ⑨「English」とし、「English」の値を ⑩「Submit」とします。

完成 言語切り替え用のモードができました。

ボタンに適用する

次に、作成したモードをボタンに適用してみましょう。

1 ボタン要素の ❶ テキスト部分を選択し、右サイドバーのテキストパネルの ❷「◎（バリアブルを適用）」をクリックし、❸「送信する：ボタンラベル」を選択します。

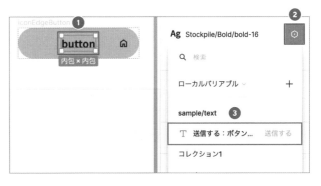

2 ボタン要素を選択中にレイヤーパネル右上に表示される❹「[]（バリアブルモードを変更）」をクリックし、「Text」の❺「English」を選びます。

完成 ボタンにモードを適用できました。

Point

モードの活用例

近年のアプリデザインでは、背景色が白く文字が黒いUIの「ライトテーマ」と、背景色が黒く文字が白いUIの「ダークテーマ」を用意することがあり、バリアブルの［モード］を使うことでそれらの作成と管理がしやすくなります。

プロトタイプ

[プロトタイプ] は、作成済みのデザインを実際に動かしてみることができる機能で、操作上の問題点を洗い出すために活用します。

Keyword #プロトタイプ #フロー #インタラクション #トリガー

プロトタイプとは

[プロトタイプ] とは試作機や試作品のことで、ソフトウェア開発の分野では本格的なコーディングやプログラミングの前段階にて、実際に動かしてみることで問題点を洗い出すための試作のことです。

Figmaでプロトタイピングをする際には、右サイドバーの[プロトタイプ] タブに切り替えます（図1-51）。プロトタイプタブの表示を確認しておきましょう。

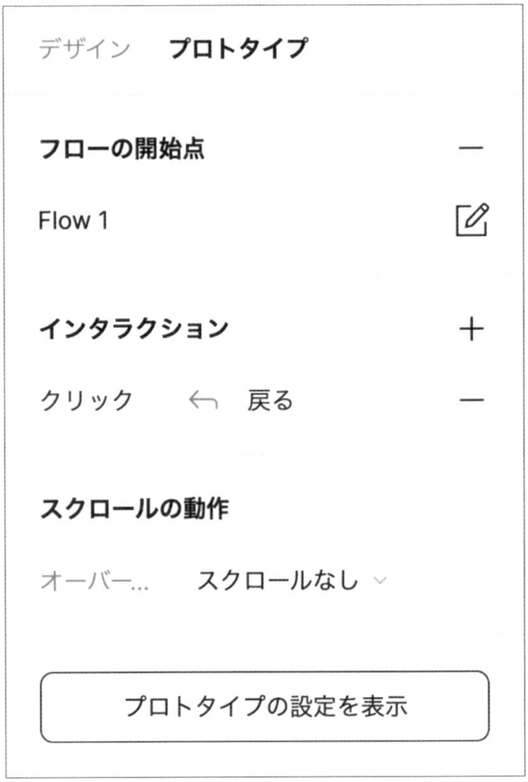

デザイン	**プロトタイプ**
フローの開始点	―
Flow 1	✎
インタラクション	＋
クリック ← 戻る	―
スクロールの動作	
オーバー... スクロールなし ⌄	

プロトタイプの設定を表示

図1-51 [プロトタイプ]タブ

フローの開始点

[フローの開始点] を追加することができます。フローを直訳すると「流れ」のことで、プロトタイピングでは動かす際の開始画面と、その開始点から繋がっている一連の画面のことを指します（図1-52）。

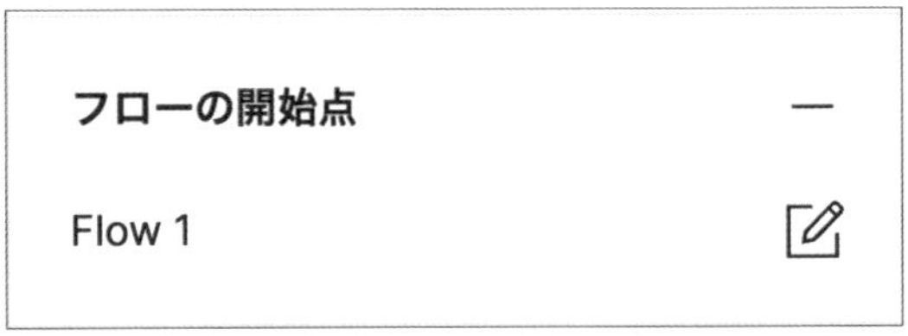

フローの開始点	―
Flow 1	✎

図1-52 フローの開始点

インタラクション

［インタラクション］では、クリック等のトリガーの設定、どのフレームに遷移するのかの設定、その際のアニメーションの設定ができます（図1-53）。インタラクションを直訳すると「相互作用」で、ユーザー側の「マウスクリック」「スワイプ」などの操作とその結果のことです。たとえば「マウスクリックでページが移動する」といった行為と結果がインタラクションにあたります。

┌─ 用語解説 ──────────────┐

トリガー

ここでは、インタラクションを発生させるため、クリックやドラッグ、スワイプなど操作による「きっかけ」のこと。

└────────────────────────┘

インタラクション		⟳	＋
クリック	→	pizzaList-sm...	ー
バリアントインタラクション			
ポイント	⟳	次に変更...	ー

図1-53 インタラクション

スクロールの動作

スクロールした際に要素を固定させる設定と、フレームからはみ出した際のプロトタイプの動作を制御する設定が［スクロールの動作］です（図1-54）。

スクロールの動作	
位置	親とスクロール ⌄
オーバー...	スクロールなし ⌄

図1-54 スクロールの動作

［位置］は、上部や下部のナビゲーションなどの要素をスクロールしてもその位置に固定したい、といった場合に利用します。

設定できる項目は、通常の挙動である［親とスクロール］、外側の要素とは連動せずにその場で固定される［固定（同じ場所にとどまる）］、途中まではスクロールし、上端にさしかかったタイミングで固定される［追従（上端で停止）］の3つです（図1-55）。

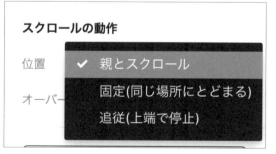

図1-55 ［位置］で設定できる項目

[オーバーフロースクロール]は、フレームからはみ出した際のプロトタイプの動作を制御する設定です。たとえば、Figmaデザイン上で縦長に作成したレイアウトは、実際のスマートフォンやパソコンの端末では一定の高さの中に収まり、プロトタイプでも同様の表示になります。はみ出した部分をスクロールさせる場合、[スクロールなし]から、[水平][垂直][両方向]のどれかに変更します（図1-56）。

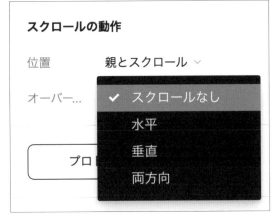

図1-56 [オーバーフロースクロール]

Point

[フローの開始点][インタラクション][スクロールの動作]の各項目は、キャンバス内でフレームやグループ要素を選択時に右サイドバーに表示されます。
フレームとグループについて→51ページ

プロトタイプを作成する

今回は、Chapter 4・5で作成する「ピザアプリ」のデザイン（図1-57）を元にしたプロトタイプを作成してみましょう。

作成する機能として、リンクをクリック・タップして画面が移り変わる機能、ボタンにマウスオーバーしたときに表示が変わる機能、スクロールした際に要素が追従してくる機能の、これら3つを備えたプロトタイプを作成します。

Figmaファイル「Chapter 1 練習」の「プロトタイプ」のページを開きます。

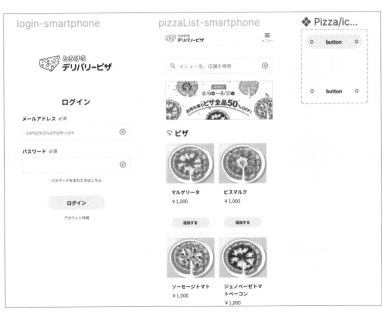

図1-57 ピザアプリのプロトタイプ

画面が移り変わる機能を作成する

右サイドバーのタブを［プロトタイプ］にしておきます。

1 「login-smartphone」フレームを選択し、右サイドバーの［フローの開始点］の ❶「＋（開始点を追加）」をクリックします。名前は「Flow 1」のままでよいです。

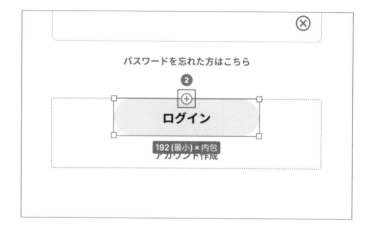

2 「login-smartphone」フレーム内にある「ログイン」ボタンのフレームを選択し、マウスオーバーすると、上下左右の4か所に□のアイコンが表示され、同じ箇所に ❷「＋」アイコンが表示されます。

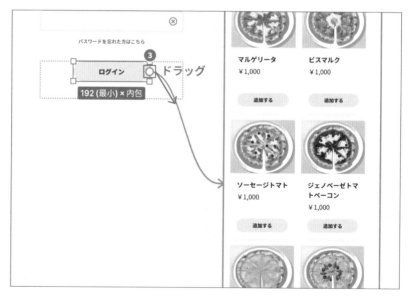

3 ❸「＋」アイコンの上でドラッグすると矢印状の表示が現れ、右隣の「pizzaList-smartphone」フレームの上でマウスを離すことで、2点間を結んだ状態になります。

4 このとき、表示されるパネルで自動的に設定された［インタラクション］が確認できます。インタラクションが ④［クリック時（タップ時）］になっていて、［次に移動］が ⑤「pizzaList-smartphone」になっていれば問題ありません。

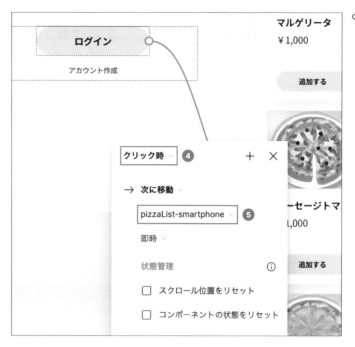

5 アニメーションを設定します。⑥「pizzaList-smartphone」の下の項目をクリックすると、アニメーションの種類を選ぶことができます。

6 アニメーションの設定として、時間をかけて移り変わる設定の **7** ［ディゾルブ］を適用し、加速度を制御する項目を **8** ［リニア］、効果時間は **9**「300ms」とします。

7 完成したプロトタイプは、ツールバー右の **10**「▶（プロトタイプビュー）」をクリックしてプロトタイプビューから確認します。

完成 画面が移り変わる機能が作成できました。

マウスオーバー時に
表示が変わる機能を作成する

1 マウスオーバーを用意する場合、「マウスオーバー時のバリアント」が定義されたボタンコンポーネントを利用します。

濃い背景色が通常時、薄い背景色がマウスオーバー時のものとします

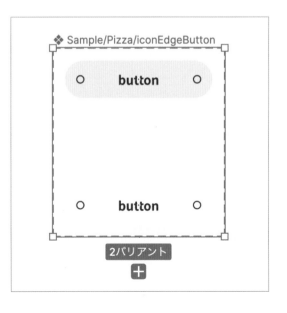

2 通常時のバリアントを選
択し、右サイドバーの［イ
ンタラクション］パネル
の❶「＋」アイコンをク
リックします。

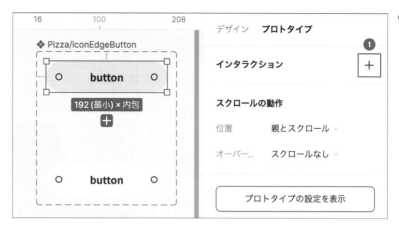

3 表示されるパネル内の
左上の項目を❷［マウス
オーバー］に選択します

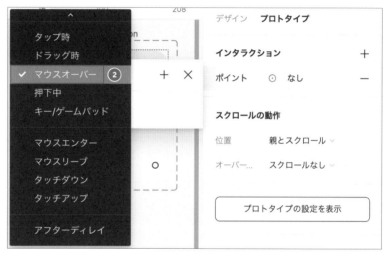

4 ［なし］をクリックし、❸
［次に変更］をクリックし
ます。

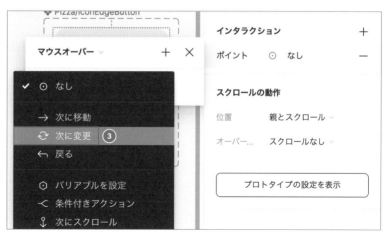

5　④「status」を「hover」に設定します。

> 上記では「status」「hover」
> などの名前が設定されてい
> ますが、これらは命名規則
> が問題なければ「ボタンの
> 状態」「ホバー」など日本語
> 表記にしてもかまいません

6　必要に応じてアニメーションの設定を「ディゾルブ」などに変更します。

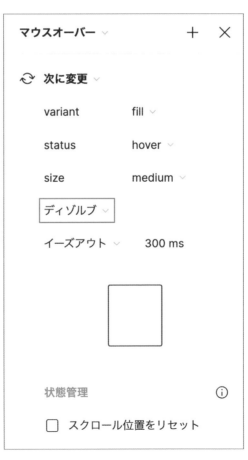

完成 マウスオーバー時に表示が変わる機能が作成できました。

バリアント→43ページ
命名規則について→78ページ

┌─ Point ─────────────
マウスオーバーは、スマートフォンなどのタッチ系端末では存在しない操作なので、主にPCデザインのための設定となります。
└──────────────────

「ディゾルブ」の下の「イーズイン」の項目は加速度設定ですが、300ms（0.3秒）ではどれを選んでもほとんど変化は感じられないと思います！

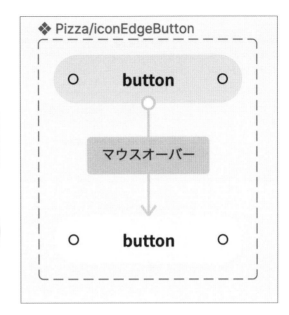

要素を追従させる機能を作成する

「pizzaList-smartphone」フレームの上部に配置されたナビゲーションを、画面をスクロールさせたときに固定、追従させる機能を用意します。

1 ❶「header」フレームを選択します。

2 ［スクロールの動作］の［位置］を❷［追従（上端で停止）］とします。

このとき、重なり順の都合で、スクロールした際に「header」要素がほかのフレームの下に隠れてしまうため、これを修正します。右サイドバーを［プロトタイプ］タブから、［デザイン］タブに戻します。

3 大枠のフレームである「pizzaList-smartphone」を選択し、右サイドバーのオートレイアウトパネルの **③**「…（オートレイアウトの詳細設定）」をクリックします。

4 ［キャンバススタッキング］をクリックし、**④**「最前面に最初のアイテム」とします。

完成 要素を追従させる機能が作成できました。

Chapter

2

Stockpile UIの土台となる 「ファウンデーション」

「ファウンデーション」とは「土台」の意味で、Stockpile UIの基礎となる要素である
色やタイポグラフィ、余白などをFigmaで定義したものです。
Chapter 2では、Stockpile UIの「ファウンデーションがどのように作られているのか」
と「ファウンデーションの使い方」を解説します。

本書で作るUIキット「Stockpile UI」

「Stockpile UI」は、学習のしやすさとサンプルとなるアプリの作成しやすさを備えたUIキットとして開発したものです。まずはStockpile UIの構成と、使い方について紹介します。

Keyword　#UIキット #デザインシステム #アクセシビリティ

Stockpile UIについて

「Stockpile UI」は、本書のコンセプトの「さまざまなUIコンポーネントの作り方と実例を掲載すること」を実現するために用意したUIキットです（図2-1）。

図2-1 Stockpile UIキット

「stockpile」は「備蓄品」の意味で、読者の皆さんの備えになってほしい、という意図を込めて名付けました！

UIキットとは、主要なコンポーネントを利用可能な状態でまとめたものです。UIキットに似ている概念として「デザインシステム」があります。Stockpile UIをデザインシステムではなくUIキットとしたのは、デザインシステムでは「デザイン原則」などが必要になる一方で、UIキットはそれを含まなくても成立するため、実態に沿ったものになるためです。

Point

デザインシステムは、スタイル、コンポーネント、そしてそれらの運用方法をまとめたデザイン原則、コードへの反映方法、などを集約した一連の仕組みです。デザインシステムは重要な考え方なので、本書ではChapter 6でデザインシステムを扱っています。　デザインシステム→368ページ

本書では、Chapter 2・3にてStockpile UIの作成手順を紹介しています。Stockpile UIは、<u>ファウンデーション</u>と<u>コンポーネント</u>に分かれていて、Chapter 2ではファウンデーションを扱い、Chapter 3ではコンポーネントを扱います。

ファウンデーション

Chapter 2のタイトルにもなっている「ファウンデーション」は、Stockpile UIの基礎となる要素で、色やタイポグラフィ、余白などをFigmaのスタイルやバリアブルで定義したものです（図2-2）。ほかのデザインシステムやUIキットでは、「スタイル」や「テーマ」などの名前で用意されていることもあります。

スタイル→27ページ
バリアブル→48ページ

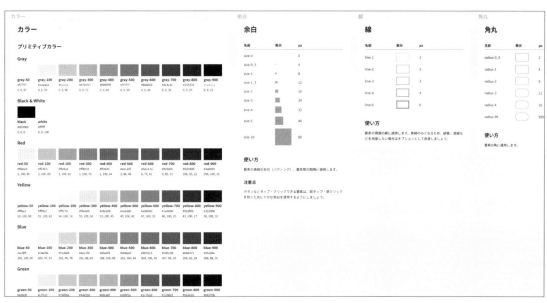

図2-2 ファウンデーション

ファウンデーションそのものについては、Chapter 2のLesson 2でさらに詳しく解説しています。

ファウンデーション→72ページ

用語解説

ファウンデーション

ファウンデーションとは「基礎」や「土台」の意味。

コンポーネント

Stockpile UIのコンポーネントは、Webサイトやスマートフォンアプリ構築に必要なものを網羅しています（図2-3）。コンポーネントはさらに4つのカテゴリーに分類されており、それぞれ「フォーム」「ナビゲーション」「レイアウト」「フィードバック」となっています（図2-4）。

図2-3 コンポーネント

フォーム	ナビゲーション	レイアウト	フィードバック
ボタン	ハンバーガーナビゲーション	ドロップダウンメニュー	アラート
フォーム	ヘッダー	アコーディオン	プログレスバー
トグル	タブ	リスト	スピナー
ラジオボタン	ナビゲーションバー	ドロワー	ツールチップ
チェックボックス	パンくずリスト	カード	モーダル
	ページネーション	テーブル	
	セグメンテッドコントローラー		

図2-4 「フォーム」「ナビゲーション」「レイアウト」「フィードバック」

Stockpile UIの使い方

Stockpile UIは学習目的に用意したUIキットなので、コンポーネントやファウンデーションの作成方法を、本書を参照しつつ学ぶ利用方法がよいでしょう。

学習方法として、Figmaデザインファイルを新規作成し、別タブに開いたStockpile UIのファイルを参考にしながらデザインを進めていく方法を推奨します。

Stockpile UIのコンポーネントをコピーして、ご自身のアプリやWebサイトの土台として利用する方法も許可しています。その場合はStockpile UI内にあるライセンスと利用規約を十分にご確認の上、ご利用ください。

また、コンポーネントやファウンデーションを改変する際は、利用する色やフォントサイズがWCAGなどのアクセシビリティガイドラインに準拠するように作成するとよいでしょう。

Point

ライセンスと利用規約

ライセンスと利用規約は似ている概念ではありますが、Stockpile UIのライセンスはソフトウェアライセンスの一種のCreative Commons 4.0を採用しています。この限りにおいてご利用ください。また、利用規約に関しては、特定の分野に係るWebサイトやアプリケーションの開発において、Stockpile UIのご利用を制限しております。

用語解説

ソフトウェアライセンス

ソフトウェアライセンスには、主に有償ライセンスと無償ライセンスがあり、無償であっても著作権を放棄していない場合がほとんど。Stockpile UIでは、無償ライセンスの一種類であるオープンソースライセンスのCreative Commons（クリエイティブ・コモンズ）4.0を採用しています。

用語解説

WCAG

Web Content Accessibility Guidelines（ウェブコンテンツ・アクセシビリティ・ガイドライン）の略で、ISO標準にもなっているガイドライン。
https://waic.jp/translations/WCAG22/

Stockpile UIはCreative Commons 4.0を採用していますが、これも著作権を放棄しているわけではありません

アクセシビリティ

Accessibilityとは、「近づきやすさ」「利用しやすさ」を意味する単語で、「誰もが平等に利用しやすい状態」を指す言葉として使われます。高齢者や障がいを持つ人を含めた、すべての人々にとって利用しやすい状態を目指す際の考え方で、Webやスマートフォンアプリの分野でも、コンテンツがアクセスしやすい状態であることが求められています。

WCAGでは、Webサイトは「知覚可能」で「操作可能」で「理解可能」で「堅牢」でなくてはならない、という4つの原則に基づいた13のガイドラインから構成されています。それらのガイドラインには達成基準が用意されていて、A、AA、AAAの3つの適合レベルがあります。

例えばコントラスト比であれば「4.5:1」よりも大きい値にすることでAAに適合します。適合基準をAAAとするためには、「7:1」以上のコントラスト比が必要です。

用語解説

コントラスト比

テキストのカラーと背景色のカラーの相対的な明るさの差を示した比率。WCAGでは「1:1」〜「21:1」の値をとり、白（#FFFFFF）背景と白文字だと「1:1」、白背景と黒（#000000）文字だと「21:1」となります。コントラストを確保することで、屋外でも読みやすくなり、色弱の方への配慮にもなります。

Figmaでは、コントラスト比をチェックするためのプラグインを使って判断します！

ファウンデーション

Stockpile UIの基礎となる要素である「ファウンデーション」は、色やタイポグラフィ、余白などをFigmaで定義したものです。ここでは、ファウンデーションの概要を紹介します。

Keyword #ファウンデーション #命名規則 #デザイントークン

Stockpile UIのファウンデーションの構成

Stockpile UIの基礎となる要素であるファウンデーションは、複数の項目で構成されています。

- 命名規則
- タイポグラフィ
- カラー
- 余白
- 線
- 角丸
- 影
- アイコン

それぞれの項目について見ていきましょう。

命名規則

命名規則は、Stockpile UIのレイヤー、コンポーネント、スタイル、バリアブルなどの名前をつける際に、「どのような名付け方にするのか」の法則性を定義するものです（図2-5）。

┌─ 用語解説 ─

命名規則

プログラミングやWebコーディングなど情報工学の分野では必須の概念で、定義しておくことで作成の効率化につながり、メンテナンス性も向上します。

Figmaにおいても、命名規則を定めておくことで、新しいレイヤーやファイル、スタイルやバリアブルなどを作成するときに迷わなくてすむようになるため、効率化につながります。また、継続して利用するデザインファイルの場合、コンポーネントやスタイルを追加する際に、要素の名称が法則性のある名称になるため、追加・削除がしやすくなり、メンテナンスがしやすくなります。

命名規則はChapter 2のLesson 3で詳しく扱います。

命名規則→78ページ

命名規則

命名規則

更新履歴

2024/01/30
「スタイル名・バリアブル名・トークン名」にて「グループ名の頭文字は大文字」を追加
「コンポーネント名」にて「-（ハイフン）」が正解だったところが「_（アンダースコア）」になっていた部分を修正

基本

- 英数、「-（ハイフン）」を利用（グループ化の例外を除く）
- 2つの英単語をつなげた単語を使いたい場合、キャメルケースを利用する
- 命名で迷った場合や、例外処理を利用したい場合は相談する

スタイル名・バリアブル名・トークン名

- Figmaでは、グループ化には「/（スラッシュ）」で区切るため、これを活用する
- グループ名の頭文字は大文字、それ以外の頭文字は小文字
- 「Stockpile」が入ったグループ（フォルダ）を用意する

使用例

Stockpile/Regular/regular-16

コンポーネント名

- フレームにコンポーネント名を設定する
- [コンポーネント名]-[バリエーション]表記の形式とする
- 略語は避ける。「btn」ではなく「button」とする
- 頭文字は小文字
- 基本はiOSのコンポーネント名に準拠
- 場合によってはWebの文脈で使われているコンポーネント名とする

図2-5 命名規則

UIデザインの場合、作ったデザインに長く関わることが多く、関係者も多いので、なおさら命名規則が大事です！

タイポグラフィ

タイポグラフィは、Stockpile UIのコンポーネントで利用するテキストや、Stockpile UIを元に作成するWebサイトやアプリケーションの見出し、本文などで利用するテキストを定めたものです（図2-6）。

大きく分けて、見出し用のタイポグラフィ、本文用のタイポグラフィ、そのほかのタイポグラフィの3つを用意しています。

タイポグラフィはChapter 2のLesson 4で詳しく扱います。

タイポグラフィ→81ページ

図2-6 タイポグラフィ

カラー

カラーは、Stockpile UIのテキストや背景、コンポーネントで利用する色を定めたものです（図2-7）。

グレー、レッド、イエロー、ブルー、グリーン、パープル、白と黒、というパターンの中に複数のバリエーションを備えており、これらは「プリミティブカラー」として定義しています。

また、テキスト用のカラー、背景用の色、線などで利用可能な色を、プリミティブカラーを元に定義していて、これらは「エイリアスカラー」として定義しています。

カラーはChapter 2のLesson 5で詳しく扱います。

カラー→84ページ

図 2-7 カラー

余白

余白は、Stockpile UIのコンポーネントを作成する際の余白、要素を配置するときの余白などを定義したものです（図2-8）。

Figmaでは、主にオートレイアウトのパディングや要素間の間隔が余白となります。また、Stockpile UIでは、8の倍数を基本とし、その2倍の「16」、5倍の「40」、0.5倍の「4」などの数値を余白の値としています。

余白はChapter 2のLesson 6で詳しく扱います。

余白→88ページ

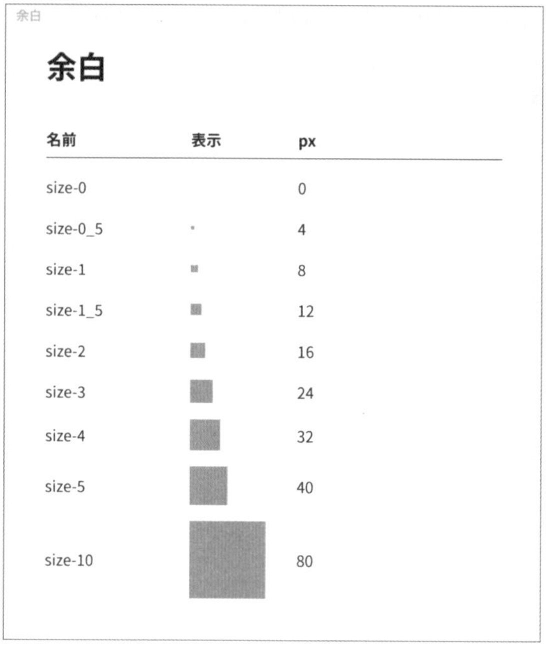

図2-8 余白

線

線は、Stockpile UIのコンポーネントのうち、ボタンなどの要素に設定する線を定義したものです（図2-9）。

複数の太さの線を用意しています。

線は、Chapter 2のLesson 7で詳しく扱います。

線→91ページ

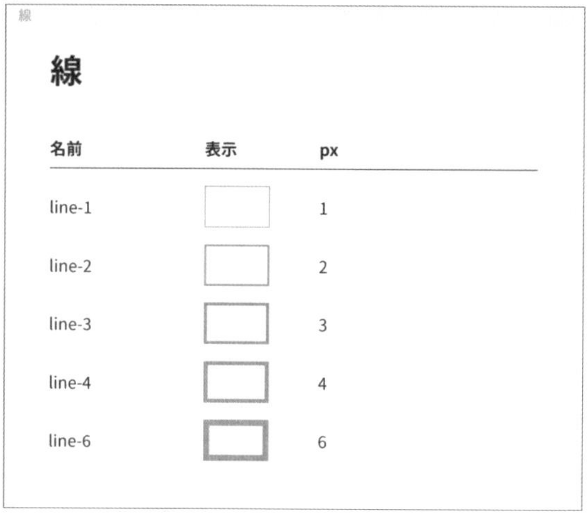

図2-9 線

角丸

角丸は、長方形やグループ、フレームの四隅を丸くするための設定を定義したものです（図2-10）。

Figmaの角丸は半径のサイズが角丸のサイズとなります。複数のサイズを用意しています。

角丸は、Chapter 2のLesson 8で詳しく扱います。

角丸→93ページ

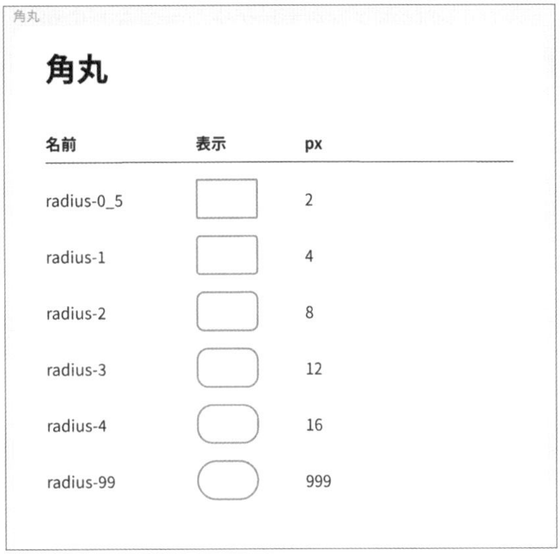

角丸

角丸

名前	表示	px
radius-0_5		2
radius-1		4
radius-2		8
radius-3		12
radius-4		16
radius-99		999

図2-10 角丸

影

影は、長方形やグループ、フレームへ適用する影を定義したものです（図2-11）。

やや斜め上からの光源を想定した影と、直上からの光源を想定した影の2種類を用意しています。

影は、Chapter 2のLesson 9で詳しく扱います。

影→95ページ

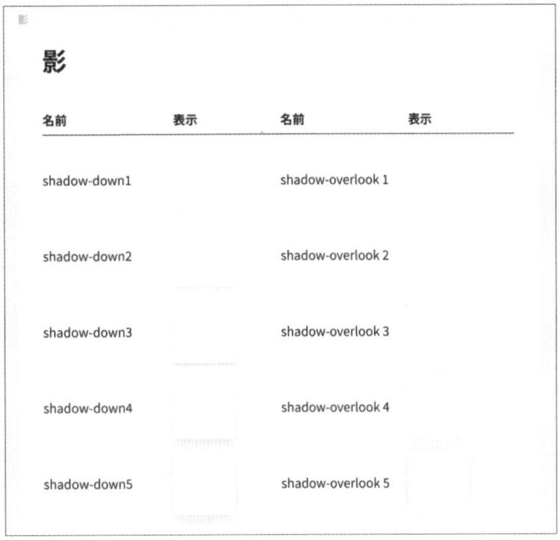

影

影

名前	表示	名前	表示
shadow-down1		shadow-overlook 1	
shadow-down2		shadow-overlook 2	
shadow-down3		shadow-overlook 3	
shadow-down4		shadow-overlook 4	
shadow-down5		shadow-overlook 5	

図2-11 影

アイコン

アイコンは、ボタンやナビゲーションなどに利用するためのアイコンを定義したものです（図2-12）。

Stockpile UIのアイコンは、Google製のMaterial Symbolsを採用していて、その中からコンポーネントで使うものを定義しています。
アイコンは、Chapter 2のLesson 10で詳しく扱います。

アイコン→97ページ

図2-12 アイコン

もっと知りたい ┃ デザイントークン

Stockpile UIのファウンデーションでは、「デザイントークン」の考え方を利用して、バリアブルやスタイルを運用しています。デザイントークンはDesign Tokens Community Groupという、W3Cのコミュニティグループで議論が進められていて、フォーマットが策定されています。

┌─ 用語解説 ─

W3C

World Wide Web Consortiumの通称で、World Wide Webの技術標準化を推進する団体のこと。

トークンとは、字句のうち意味を成す最小の構成要素のことで、デザイントークンでは、色、余白、タイポグラフィのフォントファミリーなどのデザインをトークンとして扱うものです。
例えばStockpile UIの青は10種類あり、その中のカラーの1つ、「Blue/blue-300」は「#4ec1fd」というカラーコードで表すことができます。そして「Blue/blue-300」はボタンコンポーネントの背景色として利用しているカラーのため、「Background/key」としても定義しています。このときの「Blue/blue-300」や「Background/key」がトークンとなります。

デザイントークンは、慣れるまではやや難しいと感じるかもしれません。少しずつ慣れていきましょう

ファウンデーションを用意するときのポイント

Stockpile UIのファウンデーションではなく独自のものを用意する場合、大事な観点がいくつかあるので、それらを見ていきましょう。

コンポーネントとファウンデーションを行き来する

ファウンデーションの要素は土台ではありますが、コンポーネントを作成する上での中間成果物でもあります。コンポーネントやデザインの最終的な完成形がわからない状態でファウンデーションを用意してしまうと、合わないものができてしまう場合があります。

なので、コンポーネントを作りながらファウンデーションを用意し、ファウンデーションを作りながらコンポーネントを用意する、といったようにそれらの2つを行き来しつつ用意するとよいでしょう。

例外を作るときのルールを決める

例えば、タイポグラフィには「その他 (Other)」という項目がありますが、こういった例外を用意する場合のルールを決めましょう。似た要素が3つ以上集まる場合は独立した項目として用意する、などのルールにするとよいでしょう。

変更点を周知する

ファウンデーションを複数人で作成する場合、途中で共有などせずに変更した場合、ほかの人にとってはデザインへの変更範囲がわかりづらくなってしまいます。

Figmaでは、コメント機能、開発モードでのアノテーション機能などを利用することで、変更箇所を共有するようにしましょう。

UIキットやデザインシステムは、完成したらそれで終わりではありません。繰り返し利用されることになるため、運用していく中で当初の想定と違う箇所が出てきたり、追加で必要な要素が出てくることがあります。

その都度、上記のポイントをふまえて改変、追加、修正していきましょう。

命名規則

命名規則とは、名前をつける際に「どのような名付け方にするのか」の法則性を定義するものです。Stockpile UIでの命名規則はどのような基準かについて紹介します。

Keyword #命名規則 #キャメルケース #スネークケース #階層化

命名規則について

命名規則とは、識別子に名前をつける際に「どのような名付け方にするのか」の法則性を定義するもので、Figmaではレイヤー、コンポーネント、スタイル、バリアブルなどの名前をつける際に策定するものです。

命名規則を策定する上で、重要となる項目を見ていきましょう。

用語解説

識別子

単語、または複数の単語と記号を組み合わせた文字列のことです。

全角文字、半角英数、記号

日本語や中国語などの全角文字を利用可能とするかどうかを決めましょう。また、半角文字の場合でも、記号のうち使えるものを定義する場合と、使えないものを定義する場合とがあります。

これらは、全角文字が一切使えないプログラミング言語が多いことや、プログラミング言語によって変数名や関数名に使える記号が違うこと、半角スペースが使えないことなどがあるため、決めておくと大きなトラブルを避けることができます。

単語の種類

どんな単語を利用可能とするのかを決めます。

例えば、「招待」に関する用語を「syotai」というようにローマ字表記も利用可能とするのか、「invitation」など英単語にするのかといったルールや、10〜数十個の使えるグループを用意しておき、その中から選ぶ方式とするのか、それとも一定のガイドラインを用意しつつ、自由に決めてよいとする方式とするのかのルール、「information」を「info」といった省略形で利用してよいかのルールを決めておきます。

大文字と小文字

英単語の大文字と小文字もルール化しておきます。大文字を一切使わないで小文字のみを使うか、頭文字のみ大文字とするかなどのルールです。このとき「頭文字のみ大文字」とする場合でも、例外が「小文字のみ」で基本は「頭文字のみ大文字」とする場合と、逆に例外として「頭文字のみ大文字」を利用する場合がある、ということもあり、細かいルールまで定めておくとよいでしょう。

記法

　複数の英単語を識別子として利用する場合、単語をそのまま小文字のまま並べると意図が通りにくくなります。また、単語との間に半角スペースを使うことができない場合も多くあります。

　そこで、わかりやすく、問題の起こらない記法を利用する必要があります。以下に代表的な記法をまとめました（図2-13）。

名称	解説	表記例
キャメルケース（ローワーキャメルケース）	先頭の単語の頭文字は小文字、それ以外の単語の頭文字を大文字にする	buttonLarge
パスカルケース（アッパーキャメルケース）	単語の頭文字を大文字にする	ButtonLarge
スネークケース	単語の間にアンダースコア（_）を使う	button_large
チェインケース（ケバブケース）	単語の間にハイフン（-）を使う	button-large

図2-13 代表的な記法

連番

　同じ種別の要素に命名する場合、番号を付与することがあります。その際に「01」といったような、一桁の場合でも最大の桁数に合わせた番号として表記するなどのルールを定めておくとよいでしょう。

Stockpile UIの命名規則

Stockpile UIの命名規則を見ていきましょう。

基本

- 英数、「-（ハイフン）」を利用（グループ化の例外を除く）
- 2つの英単語をつなげた単語を使いたい場合、キャメルケースを利用する
- 連番は「01」の形式を採用する
- 命名で迷った場合や、例外処理を利用したい場合は相談する

　チェインケースとキャメルケース、パスカルケースを状況に応じて使い分けるようにしています。ここでの「相談する」は、Figma内のコメント機能や別のチャットツールでの相談を想定しています。また、ハイフン以外の記号は基本的には使用しません。

スタイル名・バリアブル名・トークン名

- Figmaでは、グループ化には「/（スラッシュ）」で区切るため、これを活用する
- グループ名の頭文字は大文字、それ以外の頭文字は小文字
- 「Stockpile」が入ったグループ（フォルダ）を用意する

　前述の基本では、記号はハイフン以外は使用しないと書きましたが、例外が「/（スラッシュ）」です。

コンポーネント名

- フレームにコンポーネント名を設定する
- ［コンポーネント名］-［バリエーション］の形式とする
- 略語は避ける。「btn」ではなく「button」とする
- 頭文字は小文字
- 基本はiOSのコンポーネント名に準拠
- 場合によってはWebの文脈で使われているコンポーネント名とする

　「Webの文脈で使われているコンポーネント名」については、例えばWebでは「ヘッダー」と呼ぶコンポーネント名は、iOSでは「ナビゲーションバー」と呼ぶようなケースで、「ヘッダー」のほうを採用するという方針です。

ページ名・フレーム名

- 1単語、またはキャメルケースありの複数単語とする
- ページ名については日本語の利用可能
- 大枠（アートボード）となるフレーム名は日本語の利用可能
- フレーム名は、大まかな枠組みとなる箇所は名付ける
- 頭文字は小文字

　ページ名を日本語利用可能とした理由として、ページ名は開発する際に影響がある性質のものではないため、日本語としても問題ないためです。

Point
階層化・グループ化について

Figmaでは、名前に「/（スラッシュ）」を入れることで、セクション、スタイル、バリアブルなどを階層化することができます。

このときの階層化はグループ化ともいい、グループの機能とは別のものです。

Chapter
2

Lesson
4

タイポグラフィ

本文や見出しで使うテキストのサイズ、太さ、フォントファミリーを定義したものがタイポグラフィです。Stockpile UIのファウンデーションでは、このタイポグラフィを定義しています。

Keyword #タイポグラフィ #テキストスタイル #バリアブル

タイポグラフィについて

タイポグラフィとは、元々は印刷やグラフィックデザインの用語で、文字を読みやすくするための体裁を整えたり、印象的な文字表現をしたりする際の技法のことです。ファウンデーションにおけるタイポグラフィは、本文や見出しでのフォントファミリー、サイズ、ウェイト（太さ）を定義したものです。

> **用語解説**
>
> **フォントファミリー**
>
> 書体のグループのことで、複数のウェイトから形成されています。

タイポグラフィを用意する

タイポグラフィは、本文や見出しなど目的に適したフォントファミリーの指定、ウェイトの指定、サイズを指定することで定義していきます。

フォントファミリー

フォントファミリーは、和文フォントを1～2種類、欧文フォントで1～2種類を指定するとよいでしょう。和文フォント1種類のみを指定することで、アルファベットと和文の両方を1つのフォントファミリーで扱う場合もあります。

フォントの種類を増やす場合、例えば本文に使うフォントファミリーと、見出しで使うフォントファミリーを変えたり、数字とそれ以外のアルファベットで変えたりする、といった使い分けをします。

> **Point**
>
> Figmaには合成フォントのような仕組みがないため、同じ段落でアルファベットを欧文、日本語を和文とすることができません。これを実現したい場合、プラグインを利用するか、Figma上では同じフォントにしつつ、開発の実装段階で実現するようにしましょう。

ウェイト

ウェイトは、通常のウェイトと太めのウェイトの2種類を基本とします。本文用のタイポグラフィは通常のウェイト、見出し用のタイポグラフィは太めのウェイトとすることが多いです。

> **Point**
>
> 太さを表す表現が、フォントファミリーによっては「W0」「W1」「W2」などのWと数値の組み合わせの表記だったり、「regular」「bold」などの単語表記だったりと異なります。

サイズ

サイズは、本文用、見出し用にそれぞれ複数のサイズを用意することで使いやすいものになります。デスクトップパソコンの本文用、スマートフォンの本文用というようにデバイスで分けることもあります。

サイズの数をどの程度用意するのかについては、多すぎず少なすぎずの数にします。まずは3つ程度を準備して、コンポーネントを用意していく過程で、必要に応じて増やしていく方法をとるとよいでしょう。

スタイルとバリアブル

タイポグラフィはFigmaのテキストスタイルとして登録しましょう（図2-14）。

テキストスタイル→28ページ

テキストスタイルにバリアブルを利用することもできます。これは、テキストスタイルのプロパティの
フォントファミリーやウェイトの値に文字列バリアブルを、サイズの値に数値バリアブルを利用できます（図
2-15）。

バリアブル→48ページ

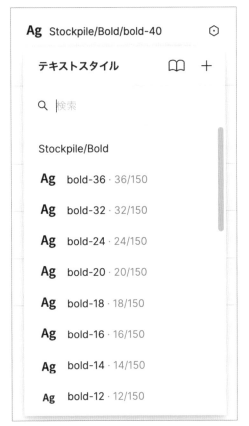

図2-14 テキストスタイル

図2-15 バリアブルが利用できる

例えば、文字列バリアブルとして値が「bold」のバリアブルを定義し、それをウェイトの値に適用することが
できます。このとき、エイリアスの考え方を用いた命名にすることで、管理がしやすいものとなります。

用語解説

エイリアス

別名や仮名といった英単語です。本書では「プリミティブ」という概念の対義語とし
て「エイリアス」を使っていて、このときのプリミティブは属性そのままの名前をつ
けること、エイリアスは意図のある名前をつける、といった意味で利用します。

Stockpile UIのタイポグラフィ

Stockpile UIのタイポグラフィは、大きく分けてフォントファミリーの指定、スケールとして見出し用、本文用、そのほかの3種類のカテゴリーで複数の指定を用意しています（図2-16）。

フォントファミリー

フォントファミリーは、Noto Sans JPを利用します。和文、欧文のどちらもNoto Sans JPを利用します。

スケール

複数のサイズのタイポグラフィを用意しています。

このうち、「見出し用（Bold）」は主に見出しに利用する太いウェイトのタイポグラフィです。「本文用（Regular）」は主に本文に利用する通常ウェイトのタイポグラフィです。

ほか、Stockpile UIでは「その他（Other）」のタイポグラフィを用意しています。

タイポグラフィ

タイポグラフィ

フォントファミリー

和文・欧文

Noto Sans JP

スケール

見出し用（Bold）

	px	weight	line-height
確認用サンプルの文章です	40	bold	1.4
確認用サンプルの文章です	36	bold	1.4
確認用サンプルの文章です	32	bold	1.4
確認用サンプルの文章です	24	bold	1.4
確認用サンプルの文章です	20	bold	1.5
確認用サンプルの文章です	18	bold	1.5
確認用サンプルの文章です	16	bold	1.5
確認用サンプルの文章です	14	bold	1.5
確認用サンプルの文章です	12	bold	1.5

本文用（Regular）

	px	weight	line-height
確認用サンプルの文章です	20	regular	1.6
確認用サンプルの文章です	18	regular	1.6
確認用サンプルの文章です	16	regular	1.6
確認用サンプルの文章です	14	regular	1.6
確認用サンプルの文章です	12	regular	1.6

その他（Other）

	px	weight	line-height
確認用サンプルの文章です	16	regular	1.5
確認用サンプルの文章です	10	regular	1

図2-16 Stockpile UIのタイポグラフィ

タイポグラフィの使い方

タイポグラフィは、コンポーネントのテキスト、本文、見出しなどにテキストスタイルとして適用します。すべてのテキストに、タイポグラフィを反映させましょう。そうすることで、デザインの一貫性が保たれます。

Stockpile UIで定義したタイポグラフィとは異なるスタイルの本文、見出しを別途用意する場合もあります。その際の判断基準は、新しく作るタイポグラフィがほかに存在しないサイズかどうか、2回以上利用するタイポグラフィかどうか、などを判断材料として検討するとよいでしょう。

例えば30pxくらいの見出しを使いたい場合、独自に30pxのサイズの見出しを用意しないで、Stockpile UIの「見出し用（Bold）」で定義されているスケールの32pxを使うとよいです

Chapter
2

Lesson
5

カラー

Stockpile UIのファウンデーションでは、デザインのあらゆる箇所で利用するカラーを定義しています。ここでは、プリミティブカラーとエイリアスカラーについて紹介します。

Keyword #カラー #プリミティブカラー #エイリアスカラー #バリアブル

カラーについて

フォントの色や背景色、アイコンの色、ボーダーの色などに適用するカラーを、ファウンデーションとして定義します。

本書では、色味から定義した色をプリミティブカラー、目的から定義した色をエイリアスカラーと呼んでいます。

プリミティブカラーは、赤や黄色、青などの色で、各色味でそれぞれ8〜10段階ほどの階調に分けたカラーとなります。これは、色を任意で用意することで、例えばほんの少し違う色のカラーコードのカラーが際限なく増えてしまう、といったことを避けるためです。

エイリアスカラーは、文字色として利用するカラー、ボタンの背景色として利用するカラーなど、具体的な目的に沿った色です。また、キーカラーのようなブランドカラーに基づいた色もエイリアスカラーに含まれます。

> **用語解説**
> ### キーカラー
> 鍵となるカラーで、そのブランドのロゴで採用されている色や、企業イメージに沿った色のことです。メインカラーやプライマリーカラーなども近い意味の単語です。

カラーを用意する

カラーを用意していきましょう。Figmaでは、カラーにはスタイルとバリアブルがあります。

カラーは、カラーバリアブルであればエイリアスの利用がしやすいため、スタイルではなくバリアブルを利用することを推奨します。

バリアブル→48ページ

> **Point**
> カラースタイルからカラーバリアブルに移行したい、というときには「Styles to Variable」プラグインを活用するとよいでしょう。その名の通り、登録されているカラースタイルを、カラーバリアブルとして再登録できるプラグインです。　プラグイン→xxページ

プリミティブカラーを用意する

プリミティブカラーを用意する場合、まずは「色相」を決めるとよいでしょう。色相とは、赤、オレンジ、黄、黄緑、緑、水色、青、紫、マゼンタといった色の様相と、それを値として表したものです。

この色相を決めた上で、彩度（鮮やかさ）、明度（明るさ）を調整することで、鮮やかな赤、明るい赤、などのバリエーションを用意することができます。色のバリエーションを用意する際には、カラーパレットを作成できるサービスやツールを活用します。

> プリミティブカラーはしっかり用意すると大変なので、作らないことも多いです。比較的大きめなWebサイトやアプリ、デザインシステムなどでは用意しましょう！

Prismでカラーを用意する

GitHubのデザインシステム「Primer」に含まれているサービスの「Prism」(https://primer.style/prism)はカラーパレットを作成できるサービスの1つです。こういったサービスやツールを利用して、プリミティブカラーを用意しましょう。

エイリアスカラーを用意する

エイリアスカラーを用意する場合、プリミティブカラーが決まっている場合はそれらを元にエイリアスカラーとして定義します。例えばgrayの10段階目をテキスト用のカラーにする、などです。

キーカラーを定義するには、ロゴのデータがある場合はそのデータから値を抽出します。

- テキストカラー
- バックグラウンドカラー
- ボーダーカラー
- アイコンカラー
- キーカラー

エイリアスカラーは、以下のようなカテゴリーのカラーを用意しておくとよいでしょう。

エイリアスカラーをFigmaで用意する場合はバリアブルでカラーコードを入力して登録します。プリミティブカラーが定義されている場合は、エイリアスカラーの値にプリミティブカラーを設定するとよいでしょう(図2-17)。

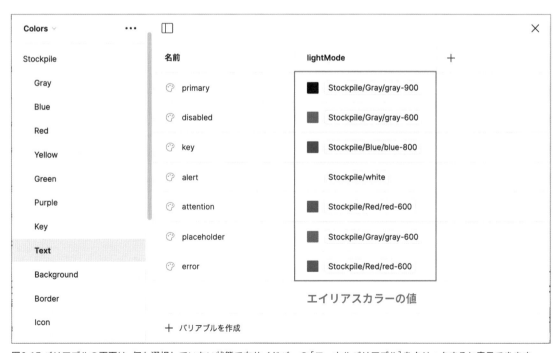

図2-17 バリアブルの画面は、何も選択していない状態で右サイドバーの [ローカルバリアブル] をクリックすると表示できます。

Stockpile UIのカラー

Stockpile UIでは、プリミティブカラー（図2-18）とエイリアスカラー（図2-19）をそれぞれ用意しています。

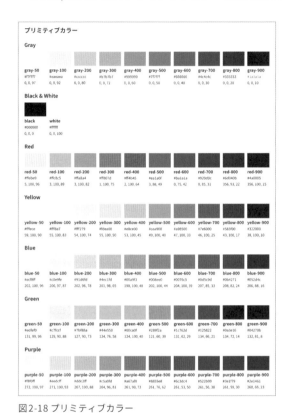

図2-18 プリミティブカラー

図2-19 エイリアスカラー

Stockpile UIに定義されているカラー関連のバリアブルを確認する際には、バリアブルを開き、左上のプルダウンリストから⓬「Colors」を選びます。このColorsや、左側に表示されている⓭GrayやTextなどの項目はグループで、バリアブルをまとめたものです（図2-20）。

図2-20 [Colors]で確認できる画面

プリミティブカラーとエイリアスカラーのバリアブル

「Gray」「Blue」「Red」など、⑭ 色を表す名前がつけられているグループがプリミティブカラーです。「Key」「Text」「Background」など、⑮ 要素や属性名など具体的な名前がつけられているグループがエイリアスカラーです（図2-21）。

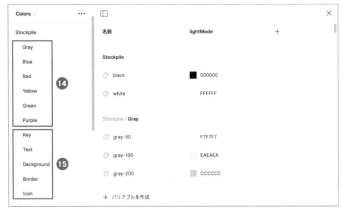

図2-21 プリミティブカラーとエイリアスカラーのバリアブル

カラーの使い方

Stockpile UIのカラーを利用する場合、テキストならばバリアブルの「Text」のグループから選ぶ、背景ならばバリアブルの「Background」のグループから選ぶ、といった利用方法になります。

Textのグループでも、さらにprimaryやdisableなど、状態や目的に応じたバリアブルが用意されているため、適切なカラーを選んで利用しましょう。

キーカラー、プライマリーカラーの変更

Stockpile UIでは、キーカラーが「Blue」グループで定義されています。これを、「Green」や「Yellow」に差し替えて活用することも可能です。

このとき、キーカラーにする際のロゴのカラーコードが、Stockpile UIで用意されているカラーとは少し違う場合、ロゴのカラーに合わせるように調整してもよいでしょう。

> ブランドや企業で定めているカラーは重要な色なので「ブランドカラーのカラーコードを変更した色を使ってもよい」という了承がもらえている場合以外は、改変した色をキーカラーとして使わないよう気をつけましょう！

コントラスト比に気をつける

テキストに薄いカラーを適用してしまった場合や、背景とテキストのカラーがコントラスト比の足りない組み合わせの場合、読みづらくなってしまい、アクセシビリティに問題があるテキストとなってしまいます。

Stockpile UIのカラーの場合、エイリアスカラーであればアクセシビリティを考慮したカラーとなっているので、コントラスト比として問題ない組み合わせになります。例えば背景に「Background/primary」のカラーを適用し、テキストに「Text/primary」のカラーを適用する、といったように同じバリアブル名のカラーを利用するようにしましょう。

カラーをプリミティブカラーから選んでテキストと背景に利用する場合は、十分なコントラスト比が担保される組み合わせとしましょう。

もっと知りたい｜ダークモード・ライトモード

　近年のアプリデザインでは、背景色が白く文字が黒いUIの「ライトテーマ」と、背景色が黒く文字が白いUIの「ダークテーマ」を用意することがあります。

　ダークテーマを用意する場合、バリアブルの［モード］機能を利用します。

　例として、テキストのバリアブルでダークモードを追加する方法を見ていきましょう。ローカルバリアブルの画面を開き、［新しいバリアブルモード］をクリックし、モードを増やします（図2-22）。

バリアブル→48ページ

UIデザインではライトテーマとダークテーマと呼びますが、一般的にはライトモード・ダークモードと呼ばれます

図2-22 モードを増やす画面

　片方を「lightMode」、もう片方を「darkMode」とし、darkModeではprimaryを白のカラーバリアブルに適用します。これによって、lightModeではprimaryが黒、darkModeではprimaryが白となるため、エイリアスとしての利点が生かせます。

> **Point**
> ［モード］機能の利用には、Figmaのプランをプロフェッショナルプラン以上にする必要があります。

ダークモード用のカラーを用意する際は、実際にダークモード用のコンポーネントを作りながら、カラーを決めていきましょう！

Chapter 2 / Lesson 6

余白

Stockpile UIでは、コンポーネントや要素の間に余白などを設定する際に、一貫性があるものになるよう定義しています。バリアブルを利用した余白の設定方法を紹介します。

Keyword　#余白 #バリアブル #オートレイアウト

余白について

Webサイトやスマートフォンアプリにおける余白は、コンポーネントの周囲に設定する余白、要素間に設定する余白となります。

Figmaでの余白は、主に［オートレイアウト］の［水平パディング］［垂直パディング］、［アイテムの左右の間隔］で利用します（図2-23）。

オートレイアウト→19ページ

図2-23 ［水平パディング］［垂直パディング］［アイテムの左右の間隔］

余白の種類

余白は複数の数を用意し、値は8の倍数や5の倍数など、一定の法則がある値にするとよいでしょう。8の倍数の場合、4の倍数も一部取り入れると調整がしやすいです。

4、8、12、16、24、40などの値を採用し、登録されていない数値は使わないようにします。ただし、登録されていない数値でも、8の倍数であり、必要であれば数値を増やせるような運用方針にしておくとよいでしょう。

8の倍数は計算のしやすい数なので、8の倍数がおすすめです

数値バリアブル

Figmaで余白を用意する際には、余白の値に「数値バリアブル」を使うとよいでしょう（図2-24）。

バリアブル→48ページ

図2-24 数値バリアブル

コンポーネントの余白

　リンクを並べるなど、複数の操作可能な要素を並べる場合、要素の間の余白は十分な数にするようにしましょう。また、クリック・タップできる要素の場合も、コンポーネントのパディングとして十分な数の余白を設定しましょう。

　十分な値が設定されていない場合、誤クリック・誤タップが発生してしまいます。

Point

Appleがまとめている「ユーザーインターフェイスのデザインのヒント」によると、ボタンなどのコントロール要素は、指でのタップが正確に行えるよう、44×44ポイント以上とすることが推奨されています。

ユーザーインターフェイスのデザインのヒント
https://developer.apple.com/jp/design/tips/

Stockpile UIの余白

　Stockpile UIの余白を見ていきましょう。
　Stockpile UIでは、「size-1」といったバリアブルの形式で余白を用意しています。ファイルでは視覚的に余白が確認できるよう、青色が設定された長方形を配置しています（図2-25）。

名前	表示	px
size-0		0
size-0_5	'	4
size-1	▪	8
size-1_5	▪	12
size-2	▪	16
size-3	▪	24
size-4	▪	32
size-5	▪	40
size-10	▪	80

図2-25 視覚的に余白が確認できる

　「size-1」が「8」、「size-2」が「16」というように、8の倍数で増えるようになっています。8の倍数の余白は ❶ size-1～size-5の5つと、size-10の合計6つがあります。それ以外に、値が ❷「0」のsize-0、「4」のsize-0_5、「12」のsize-1_5の3つを、使い勝手をよくするために追加で用意しています（図2-26）。

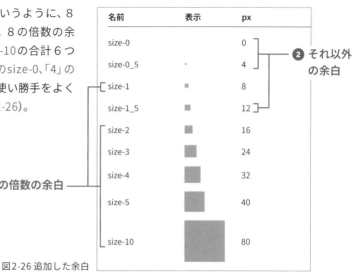

❷ それ以外の余白

❶ 8の倍数の余白

名前	表示	px
size-0		0
size-0_5	'	4
size-1	▪	8
size-1_5	▪	12
size-2	▪	16
size-3	▪	24
size-4	▪	32
size-5	▪	40
size-10	▪	80

図2-26 追加した余白

数値バリアブルのプリミティブとエイリアス

Stockpile UIでは、「Numbers」という数値バリアブルが定義されていて、8の倍数だけでなく「0」や「1」「2」「3」などさまざまな値が用意されています（図2-27）。

図2-27 Numbers

このNumbersはプリミティブトークンとして運用しているもので、このバリアブルの中から「size-0」「size-2」などのバリアブルを用意しています。これらは「Space」というグループのエイリアストークンです（図2-28）。

プリミティブとエイリアスについて→90ページ

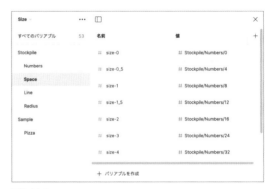

図2-28 Space

余白の使い方

Stockpile UIの余白を利用する場合、オートレイアウトなどの余白の値にバリアブルを適用します。バリアブル適用済みの値は、バリアブルの値が強調された表示になります（図2-29）。

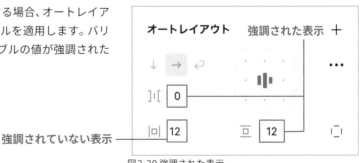

図2-29 強調された表示

余白を適用する際は、同じレベルの見出しは、基本的に同じ余白を適用しましょう。

例えば「bold-32」のスタイルを利用した見出しに、上部の余白として「size-5」、下部の余白として「size-2」を設定している場合、ほかで使う「bold-32」の見出しも、上は「size-5」、下は「size-2」と、同じものにしましょう。

また、コンポーネントを用意する際にも、各オートレイアウトの余白に、一貫性を持たせられるような余白を設定しましょう。

線

Stockpile UIでは、それぞれのコンポーネントやフレームなどに設定する線を定義しています。ここでは、線を用意する際の手順や注意点、使い方について紹介します。

Keyword #線

線について

コンポーネントのボタンの外側、フレームの外側、区切りなどに適用する線をファウンデーションで定義します。

Figmaでの線は、「線」のプロパティを調整することで線を適用できます。実線以外に、破線を設定することもできます（図2-30）。

図2-30 破線も設定できる

> デザインシステムやUIキットの性質によっては、破線を定義するとよいですね！

Figmaでは2024年5月現在、線自体の設定がスタイルとして存在していないため、スタイルとして登録、設定することはできません。

Point

線のプロパティ欄で表示される「⠿（スタイルとバリアブル）」アイコンは、色スタイルを設定するものとなります。

線を用意する

複数の太さの線を用意しましょう。1px（1pt）単位で用意すると使いやすいものとなります。UIキットやデザインシステムの性質によっては、点線や破線を設定してもよいでしょう。

線の色については、Figmaでは線に色を含めないため、カラーとして定義することになります。

Stockpile UIの線

Stockpile UIの線を見ていきましょう。

Stockpile UIでは、「line-1」といった形式で用意しています。ファイルでは視覚的に線が確認できるよう、青色が設定された線を設定しています（図2-31）。

「line-1」が「1px（1pt）」の太さで、「line-2」だと「2px」、「line-3」は「3px」というように、ハイフンの後ろの数字は太さを表しています。「line-1」〜「line-4」と「line-6」の5種類を用意しています。

「5px」の太さとなる線を用意していない理由として、Stockpile UIでは、その太さの線が必要となるコンポーネントが不要だったため、「line-5」を定義していません。

Stockpile UIの線は、実線のみを用意しています

図2-31 視覚的に線が確認できる

線の使い方

Stockpile UIの線を利用する場合、コンポーネントやフレームに、そのコンポーネントに適した太さや種類の線のプロパティを設定します。

Figmaではスタイルとして線のプロパティを登録できるわけではないので、太さ以外の項目はそれぞれ個別に適用することになります。

また、線の太さの入力欄に数値バリアブルを利用可能です。入力欄で右クリックをし、項目から［バリアブルを適用…］を選びます（図2-32）。

図2-32 線の太さに数値バリアブルを利用できる

角丸

Stockpile UIでは、一部のコンポーネントの角を丸くします。この設定を角丸と呼びます。ここでは角丸を用意する際の手順や注意点、使い方について解説します。

Keyword #角丸

角丸について

角丸とは、長方形の頂点を丸く設定することです。この角丸について、ファウンデーションで定義します。

Figmaでの角丸は、フレームのパネルに「角の半径」として表示される項目で調整できます。値に入力した数値が半径となります（図2-33）。値には、数値バリアブルを利用するとよりよいでしょう。

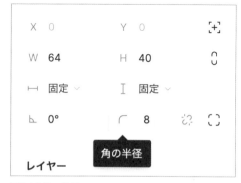

図2-33 角の半径

角丸を用意する

複数のサイズの角丸を用意しましょう。必要なサイズは、UIキットやデザインシステムの性質によって違います。例えばやわらかい雰囲気が必要な場合は、角丸のサイズを多く用意するとよいでしょう。

また、変化する値が小さすぎると違いがわかりにくいため、細かくサイズを用意しなくてもよいでしょう。

Stockpile UIの角丸

Stockpile UIの角丸を見ていきましょう。

Stockpile UIでは、「radius-1」といった形式で用意しています。ファイルでは視覚的に角丸が確認できるよう、青い線が設定された長方形に角丸を設定しています（図2-34）。

「radius-1」が「4px（4pt）」の半径で、「radius-2」だと「8px」、「radius-3」は「12px」というように、4の倍数で設定しています。

「radius-99」のトークンは、角丸の半径を真円になるように設定するための指定です。値には「999」が入るようになっていて、Figmaでは不必要に大きい角の半径にはならない仕様を利用したトークンです。例えば、高さが40pxの長方形がある場合、このときの角の半径が「20」のときに真円になりますが、ここに「21」以上の値を入れても、Figmaでは20として扱われます。

角丸

名前	表示	px
radius-0_5		2
radius-1		4
radius-2		8
radius-3		12
radius-4		16
radius-99		999

使い方

要素の角に適用します。

図2-34 角丸

角丸の使い方

Stockpile UIのボタンやラベルなどのコンポーネントに、必要に応じて角丸を適用します。値にはバリアブルを設定しましょう（図2-35）。

角丸を設定するかどうかの基準は、コンポーネントの種類や性質ごとに決めるとよいでしょう。

例えば、操作できる要素には角丸を設定すると「この要素は操作できる要素である」という意図が伝わりやすくなります。ボタンやフォームの小サイズであれば8px相当の角丸を設定し、ボタンやフォームの大サイズには16px相当の角丸を設定する、などです。ただし、雰囲気としてクールさを演出したい場合は角丸の値を小さめにするか、角丸を一切使わない、ということもあります。

角丸を設定するかどうかの基準は、使いやすさの面や、Webサイトやスマートフォンアプリのコンセプトにも影響しますので、そのあたりを判断して決めるとよいでしょう。

図2-35 角丸にはバリアブルを適用する

Chapter 2 Lesson 9

影

Stockpile UIは、コンポーネントやフレームなどの一部に影を利用しています。ここでは、影を用意する際の手順や注意点、使い方について紹介します。

Keyword #影 #エフェクトスタイル

影について

影は、要素に設定することで、立体感を出したり強調させたりできる設定です。影について、ファウンデーションで定義します。

Figmaでの影は、エフェクトパネルから適用することができ、エフェクトスタイルとして登録することができます（図2-36）。

スタイル→27ページ

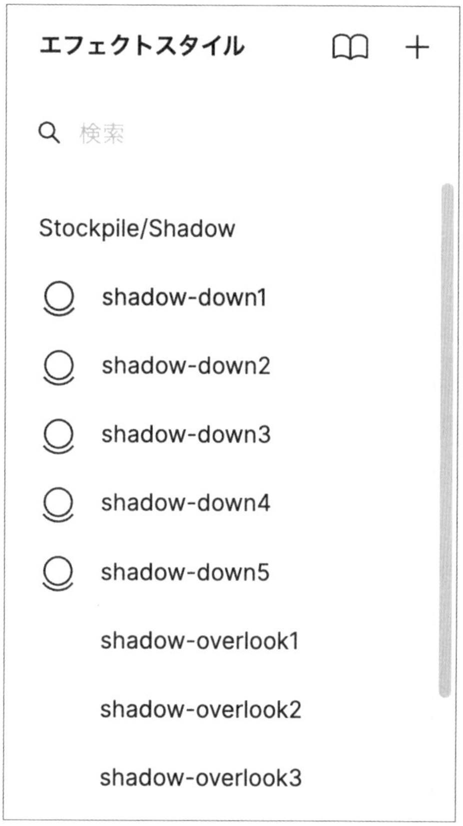
エフェクトスタイル
検索
Stockpile/Shadow
shadow-down1
shadow-down2
shadow-down3
shadow-down4
shadow-down5
shadow-overlook1
shadow-overlook2
shadow-overlook3

図2-36 エフェクトスタイル

影を用意する

影は、複数の濃さや、複数の広がり方を持つ影を用意するとよいでしょう。3～4種類ほど用意することになります。また、真上からの影と、やや斜め上からの影のそれぞれのパターンも用意する場合もあります。

Stockpile UIの影

Stockpile UIの影を見ていきましょう。

Stockpile UIでは、「shadow-down1」といった形式で用意しています。ファイルでは視覚的に影が確認できるよう、影が設定された長方形を用意しています（図2-37）。

図2-37 視覚的に影が確認できる

やや斜め上からの影を「shadow-down1」～「shadow-down5」、真上からの影を「shadow-overlook1」～「shadow-overlook5」として設定しています。「1」が狭い範囲が設定された影で（図2-38）、「5」が広い範囲が設定された影です（図2-39）。

図2-38「shadow-overlook1」の設定

図2-39「shadow-overlook5」の設定

影の使い方

Stockpile UIの影を利用する場合、ボタンやフレームなどのコンポーネントに、必要に応じて影を適用します。影は、エフェクトパネルのスタイルから設定しましょう。

影を要素に適用することで、要素と要素が重なっている印象を与えたり、要素が立体的であるような印象を与えることができます。

ただし、影を一切使用しないWebサイトやスマートフォンアプリもありますので、そもそも「利用するかどうか」の判断をします。使用する場合、影を使う要素と使わない要素を判断するとよいでしょう。

Stockpile UIでは影を5種類用意していますが、1つのスマートフォンアプリのうち、実際に使う影は1～2種類くらいになります

アイコン

Chapter 2 / Lesson 10

コンポーネントの作成時に利用するアイコンをファウンデーションとして用意します。Stockpile UIではGoogleが開発したMaterial Symbolsを採用しています。

Keyword #アイコン #アイコンライブラリ

アイコンについて

ボタンやフォーム、ヘッダーなどの作成時に必要となるアイコンをファウンデーションとして用意します。アイコンは、独自に用意する場合と、既存のアイコン集を利用する場合とがあります。

独自に用意することが難しい場合、多数のアイコンが1つのセットとして提供されているアイコンライブラリを利用するとよいでしょう。アイコンライブラリは、ライセンスを遵守することで無償利用が可能となっているため、デザインシステムやUIキットに組み込みやすいものとなっています。

自作アイコンとアイコン集を組み合わせる場合もあります。その場合は、自作アイコンを先に用意して、その雰囲気に合うアイコンライブラリを用意する方針でもよいですし、その逆でもよいです。

┌─ 用語解説 ─
アイコンライブラリ
それぞれのアイコンが一貫性のあるデザインとして制作されているアイコン集で、その多くはオープンソースで開発されています。

> デザインシステムの有名どころは独自に用意しているケースが多いです

アイコンを用意する

アイコンを独自に用意する場合、それぞれのアイコンのトーン＆マナーに差が出ないようにしましょう。例えば、線の太さは同じものにし、角丸も同じ印象が与えられるように調整します。必要なアイコンが2〜3個程度なら自作する方針でも問題ないでしょうが、10個以上となってくると負担が大きくなります。

アイコンを自作する際には、Figmaのペンツールを使うことでも作成できますが、Adobe Illustratorに慣れている場合は、そちらで作成するとよいでしょう。FigmaではSVGを読み込むことができるため、IllustratorでSVGとしてエクスポート（書き出し）し、書き出した画像を配置します。

┌─ 用語解説 ─
トーン＆マナー
デザインや文章の雰囲気や方向性を一貫性のあるものにするための基準のこと。「トンマナ」と呼ぶ場合も。

どのアイコンライブラリを利用したらよいのかわからない場合、「Tools.design」がまとめている<u>Free Open Source Icons</u>から探すとよいでしょう。オープンソース製のアイコンライブラリが多数掲載されています。

Free Open Source Icons

アイコンライブラリを利用する際は、登録されているすべてのアイコンをそのまま使う場合もありますが、必要なものだけを選んで利用する方法でも問題ありません。

作成したアイコンや、アイコンライブラリから採用したアイコンはファイル内に配置し、コンポーネントにしておきましょう。　　　　　　　　　　　　　　　　　　　　　**コンポーネント→36ページ**

Point

Iconify

Figmaでアイコンを探す場合は、プラグインの「Iconify」が便利です。

プラグイン→xxページ

Iconifyは、Figma内でアイコンが探せるプラグインで、アイコンライブラリごとに探すことができるだけでなく、アイコンのタイプごとに探すこともできます。

アイコンのタイプから探す場合、例えばハートアイコンを探したいとしたら、[Search all icons]の入力欄に「heart」と入力して[Search Icons]ボタンをクリックすることで、それぞれのアイコンライブラリのハートアイコンを一覧で確認できます。

Stockpile UIのアイコン

Stockpile UIのアイコンを見ていきましょう。

Stockpile UIでは、Googleが開発したアイコンライブラリの「<u>Material Symbols</u>」を採用しています。

Material Symbolsを利用

　サイズ別に「16 x 16」、「24 x 24」、「40 x 40」の３つを用意していて、ファウンデーションのページに一覧で表示しています（図2-40）。

　Stockpile UIのコンポーネントとして実際に使っているサイズのアイコンのみを掲載しているため、サイズごとの登録されている個数が異なります。

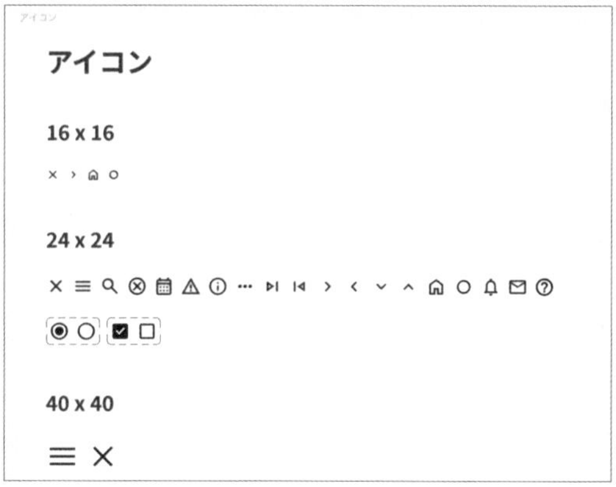

図2-40 Material Symbolsを取り入れたアイコン

アイコンの使い方

　Stockpile UIのアイコンは、Figmaのコンポーネントとして登録されているので、インスタンスとしてボタンやフォーム、ヘッダーなどに配置します（図2-41）。

　コンポーネント以外にも、Webサイトやスマートフォンアプリの各画面でアイコンが必要になった際は、アイコンリストの中から選んで利用します。

　Stockpile UIで定義されているアイコンリストでは足りない場合、Material Symbolsから必要なサイズや種類のアイコンを追加するとよいでしょう。

　また、Material Symbolsの中にイメージに沿ったアイコンがない場合、アイコンを自作しましょう。このとき、Material Symbolsにトーン＆マナーをそろえたアイコンを作成しましょう。

図2-41 左サイドバーのアセットパネルを開き、［ファウンデーション/アイコン］を開いた様子

3

アプリやWebページの部品となる
「コンポーネント」

Chapter 3では、Stockpile UIの核となる「コンポーネント」の作り方を
それぞれのLessonで解説します。各Lessonは独立した解説となっているため、
一部のコンポーネントを作成してもいいですし、
全部のコンポーネントを作成してももちろんかまいません。

ボタン

Chapter 3 / Lesson 1

ユーザーが画面上の範囲を「押す」ことで何らかの操作を行うための機能であるボタンを作成します。このLessonでは、ボタンの作成方法と実例を紹介します。

`Keyword` #ボタン #バリアント

ボタン

ボタンは、ユーザーが画面上の範囲を「押す」ことで何らかの操作を行うための表現で、UIデザインで必須となるコンポーネントです。

完成形を確認する

ボタンのコンポーネントは、2つのコンポーネントセットと、多数のバリアントを組み合わせたコンポーネントとなっています（図3-1）。これらは、用途に応じて使い分けることができるよう、表示別や状態別に用意しています。

左側が幅が固定となるボタンコンポーネントの「fixedButton」、右側が幅が可変のボタンコンポーネントの「flexibleButton」です。

「small」「medium」はサイズ別のバリアントで、「fill」「line」「text」の3つは表示の種類別のバリアントです。

「fill」「line」「text」の3つはさらに、状態を表す「default」「disabled」「hover」「focus」の4つに分かれます。これらはそれぞれ「default」が通常時の表示、「disabled」はクリックやタップが不可の表示、「hover」はマウスオーバー時の表示、「focus」は選択中の表示です。

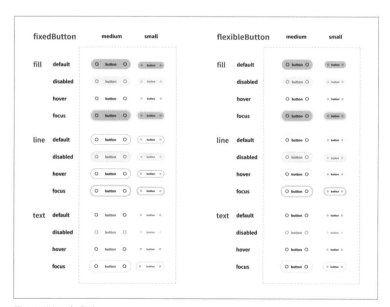

図3-1 ボタン完成形

作成手順

Stockpile UIファイルの「作業ページ」へ移動し、Chapter 3のLesson 1の箇所で作業します。基本となるボタンを作成、サイズ違いのバリアントを作成、状態の違うバリアントを作成、表示の違うバリアントを作成、という手順で進めます。

基本となるボタンを作成

多くのバリアントを用意する前に、まずは基本となるボタン部分を作成しましょう。

| テキストを作成する

1 テキストを作成し、❶「button」と入力します。❷テキストスタイルの「Bold/bold-16」を設定し、❸[塗り]を「Text/primary」とします。

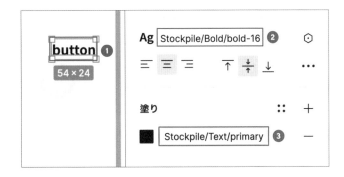

2 作成したテキストにオートレイアウトを作成します。単体へのオートレイアウトの適用となるため、Shift + Aキーでオートレイアウトを作成します。❹[アイテムの左右の間隔]は「Space/size-0_5」、❺[水平パディング][垂直パディング]はどちらも「Space/size-1_5」を適用します。また、フレーム名は「button」としておきましょう。

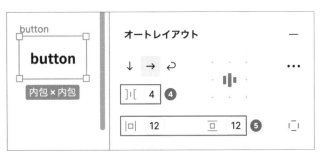

数値バリアブルの右サイドバーでの表示は、バリアブル名ではなく値が入ります

3 ［塗り］にバリアブル「Background/ key」を指定し、角の半径に「Radius/ radius-99」を指定します。

4 ［ボタンの範囲に対して、横幅がやや足りないので調整します。テキストレイヤーを選択し、Shift＋Aキーでオートレイアウトを作成、水平パディングに「Space/ size-0_5」を適用します。

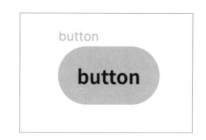

ボタンにアイコンを設定する

1 ［アセット］から［ファウンデーション/ アイコン］を開き、「icon_dummy_24」 を配置します。

左サイドバーのアセットからファウンデーションのアイコンを配置してもOKです！

2 icon_dummy_24アイコンを2つに複製し、ボタンの左右に配置します。

コンポーネントプロパティを 適用する

1 「button」フレームを選択し、コンポーネント化します。

2 ダミーアイコンから、別のアイコンを選べるように設定します。アイコンを選択し、❶［⇄（インスタンスの入れ替えプロパティを作成）］アイコンをクリックします。

104

3 ❷ 名前は右側を「rightIcon」、左側を「leftIcon」とします。❸ [+（優先する値を選択）] アイコンをクリックし、入れ替えて使うインスタンスにチェックを入れておき、❹ [プロパティを作成] ボタンをクリックします。

4 テキストにコンポーネントプロパティのテキストプロパティを適用します。テキストを選択し、テキストパネルの ❺ [⇨（テキストプロパティを作成）] アイコンをクリックし、名前を「label」として、[プロパティを作成] をクリックします。

5 ボタンの左右のアイコンは、使わないときもあるため、ブール値の設定をしておきます。アイコンを選択し、レイヤーパネルの ❻ [⇨（テキストプロパティを作成）] アイコンをクリックします。名前は、左のアイコンを「showLeftIcon」、右を「showRitghtIcon」とします。

6 ここまでが問題なくできているかを確認します。ボタンをインスタンスとしてペーストし、選択した際にこの状態になっていれば、要素にプロパティが設定されています。

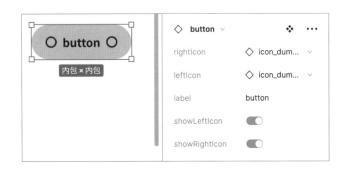

バリアントを作成

やや小さめのサイズとなるボタン「small」バリアント、状態変化の「disabled」「hover」「focus」バリアントを用意します。

「small」のバリアントを用意する

1 「button」コンポーネントを選択し、ツールバー中央の［バリアントの追加］をクリックします。コンポーネントセットの枠を広げ、要素が横並びになるよう追加したバリアントを移動します。

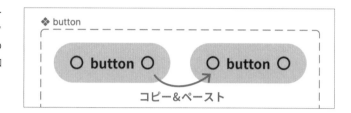

2 バリアントプロパティの名前と値を変更します。コンポーネントセットを選択、プロパティパネルの❶［⬍ᵢ（プロパティを編集）］アイコンをクリックし、名前を「size」、値の1つ目を「medium」、2つ目を「small」とします。

3 テキストのサイズと左右のアイコンを縮小します。テキストを選択し、「Bold/bold-12」のスタイルを適用します。また、左右のアイコンのH（高さ）とW（幅）を、「24」から「16」に変更します。

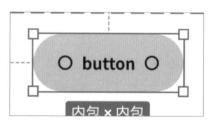

4 オートレイアウトの値を変更します。❷［水平パディング］［垂直パディング］はどちらも「Space/size-1」を適用します。

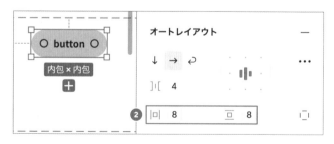

「disabled」「hover」のバリアント を用意する

1 mediumとsmallの要素を選択し、2回 コピー&ペーストをして3セットを用意 します。

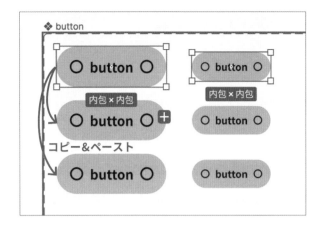

2 2行目の要素には、下記「disabledのカラー」の表を、3行目の要素には「hoverのカラー」の表のカラーバリアブルを 適用します。

disabledのカラー

塗り	Back-ground/disabled
アイコン	Icon/disabled
テキスト	Text/disabled

hoverのカラー

塗り	Back-ground/hover
アイコン	Icon/primary
テキスト	Text/primary

「focus」のバリアントを用意する

1 バリアントのセットをコピー&ペースト します。

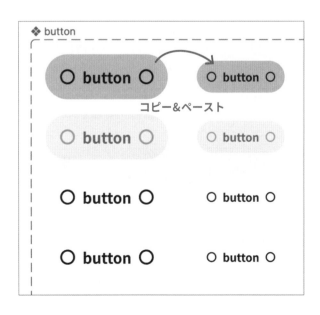

2 右記の表のカラーを適用します。

focusのカラー

塗り	Back-ground/key
アイコン	Icon/primary
テキスト	Text/primary

3 focusでは周囲に線を2重に設定するため、オートレイアウトを2重にします。mediumの要素の、内側の2つのアイコンとテキストを選択し、オートレイアウトを作成します。

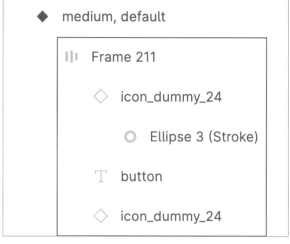

オートレイアウトを追加

4 mediumの要素の、外側のオートレイアウトの[水平パディング][垂直パディング]をどちらも「Space/size-0」にします。新規追加した内側のオートレイアウトの[水平パディング][垂直パディング]を「Space/size-1_5」とします。また、内側のオートレイアウトには、角の半径に「Radius/radius-99」を設定します。

5 smallの要素も同様に、オートレイアウトを2重に作成します。外側のオートレイアウトの[水平パディング][垂直パディング]をどちらも「Space/size-0」にします。新規追加した内側のオートレイアウトの[水平パディング][垂直パディング]を「Space/size-1」とします。また、内側のオートレイアウトには、角の半径に「Radius/radius-99」を設定します。

6 mediumとsmallの両方のオートレイアウトに線を設定します。オートレイアウトのうち、内側のフレームに対して、線の設定をします。❶線の塗りは「white」、❷太さは「2」、❸位置は「外側」とします。

7 内側のフレームの線は、❹塗りを「Border/key-primary」、❺太さは「4」、❻位置は「外側」とします。

バリアントプロパティを整理する

1 button全体のコンポーネントセットを選択し、「＋（コンポーネントプロパティを作成）」をクリックして［バリアント］を作成、名前は「state」、値は「default」とします。

2 2行目のバリアント2つを選択、「state」の値のプルダウンメニューをクリックし、［新規作成］から名前を「disabled」にします。

3 同様に、3行目のバリアント2つを選択、「state」の値で［新規作成］から名前を「hover」にします。4行目のバリアント2つを選択、「state」の値で［新規作成］から名前を「disabled」にします。

4 バリアントプロパティの「size」の値を調整します。左側の4つのバリアントは「size」の値を「medium」、右側の4つのバリアントでは値を「small」としておきます。

完成 バリアントプロパティの調整ができました。

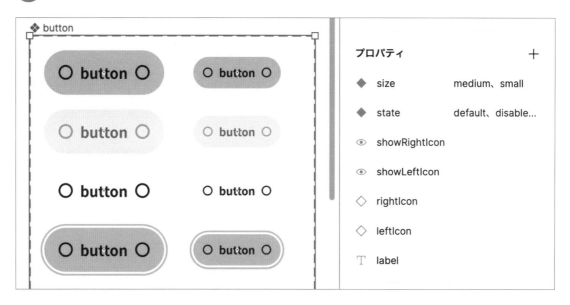

「line」、「text」バリアントを作成

ボタンの周囲に線が設定された「line」バリアントと、ボタンの範囲はとるものの、背景部分が透過となる「text」バリアントを用意します。

「line」のバリアントを用意する

1 コンポーネントセットの範囲を広げておき、mediumの4つとsmallの4つをコピーし、下部にペーストします。

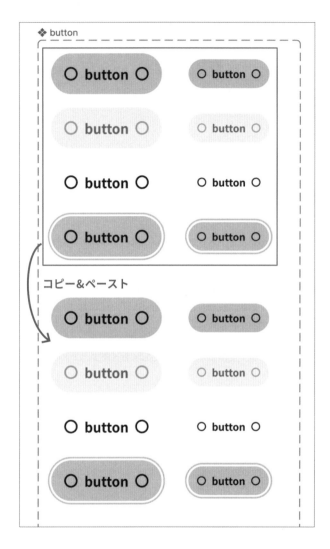

2 カラーを適用します。default、focusのカラーは下記の表のとおりで、ほかの2つのカラーは変更なしとなります。

defaultのカラー

塗り	なし
アイコン	Icon/primary
テキスト	Text/primary

focusのカラー

塗り	Back-ground/hover
アイコン	Icon/primary
テキスト	Text/primary

3 focus以外に線を適用します。太さは「1」、線の位置は「内側」、default、hoverの塗りは「Border/key-secondary」、disabledの塗りは「Border/disabled」です。

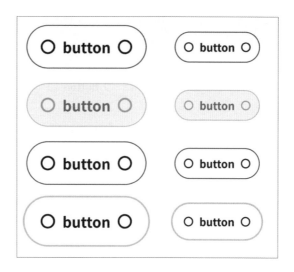

4 focusに線を適用します。このために、さらにもう1つオートレイアウトを追加します。focusバリアントの内側のオートレイアウトを選択し、Shift＋Aキーでオートレイアウトを作成します。また、追加されたオートレイアウトの角の半径に「Radius/radius-99」を設定します。

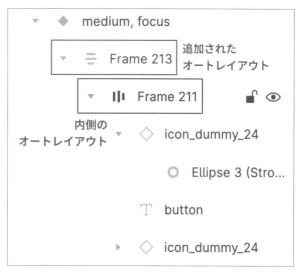

5 それぞれのオートレイアウトの線の設定を次の通りに変更します。

外の線の設定
変更なし

中の線の設定	
塗り	white
太さ	2
線の位置	外側

内の線の設定	
塗り	Bor-der/key-secondary
太さ	1
線の位置	内側

6 最初の8つのバリアントは「default」、今回作成した8つを「line」のバリアントとするため、バリアントプロパティを追加します。buttonコンポーネントセットを選択し、プロパティパネルの「＋（コンポーネントプロパティを作成）」をクリックして［バリアント］を作成、名前は「variant」、値は「default」とします。

7 今回作成した8つのバリアントを選択、「variant」の値のプルダウンメニューをクリックし、[新規作成] から名前を「line」にします。

完成 lineのバリアントができました。

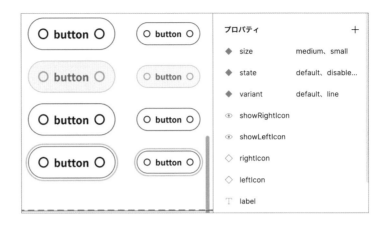

「text」のバリアントを用意する

1 コンポーネントセットの範囲を広げておき、defaultバリアントのmediumの4つとsmallの4つをコピー、「line」の下にペーストします。

2 カラーを適用します。「hover」は変更なし、ほかのカラーは変更がある箇所のみを下記の表にまとめています。

defaultのカラー		disabledのカラー		focusのカラー	
塗り	なし	塗り	なし	塗り	なし
テキスト	Text/key				

3 今回作成した8つに「text」のバリアントプロパティを追加します。今回作成した8つのバリアントを選択、「variant」の値のプルダウンメニューをクリックし、新規作成→名前を「text」にします。

完成 textのバリアントができました。

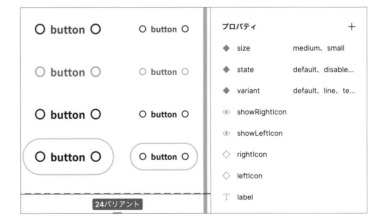

112

幅が固定となるボタンを作成

ここまで作成したボタンは、文字数に応じて幅が可変するボタンでした。ここからは固定幅、または画面いっぱいの幅で使うボタンを作成します。

幅が固定となるボタンを作成する

1 「button」コンポーネントセットをまるごと複製します。❶右側のコンポーネントセットを「flexibleButton」、❷左側のコンポーネントセットを「fixedButton」にフレーム名を変更します。

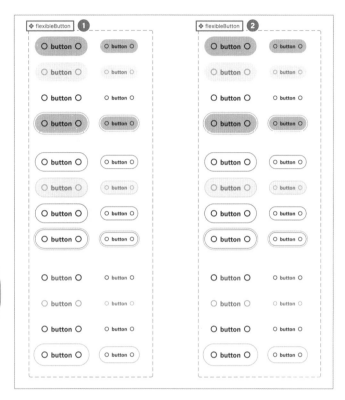

この2つのコンポーネントセットは名前が似ていますが、固定のほうが「fixed（固定された）」、可変のほうが「flexible（フレキシブル）」です

2 「fixedButton」のコンポーネントセットの幅を広げておきましょう。また、右側の12個の「small」バリアントを右に移動させておきます。

3 左側12個の「medium」バリアントを選択します。❸［水平方向のサイズ調整］を［コンテンツを内包］から［固定］にし、❹W（幅）の最小幅を「192」、最大幅を「360」とします。

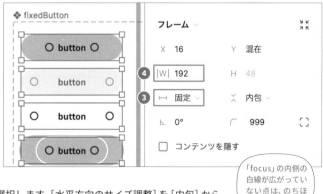

「focus」の内側の白線が広がっていない点は、のちほど対応します

4 右側の12個の「small」バリアントを選択選択します。［水平方向のサイズ調整］を［内包］から［固定］にし、W（幅）の最小幅を「128」、最大幅を「360」とします。

5 「focus」の内側の白線が広がっていないので、この点を修正します。白線が設定されたフレームを選択し、［水平方向のサイズ調整］を［内包］から［コンテナに合わせて拡大］に変更します。「line」の「focus」バリアントは、白線だけでなく黒い線も広げる必要があります。

6 左右のアイコンの位置をボタンの両端にします。「fixedButton」に含まれる24個のバリアブルを選択し、オートレイアウトの ⑤［アイテムの左右の間隔］を［自動］に変更します。
「focus」以外のボタンの位置が整いました。

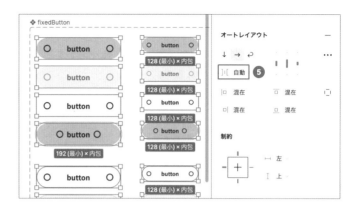

7 focusのアイコンの位置がそろっていないのは、アイコンとテキストをオートレイアウトで並べているフレームがさらに内側にあるためです。focusのバリアントは、アイコンとテキストのオートレイアウトが適用されているフレームを選択し、［アイテムの左右の間隔］を［自動］に変更します。

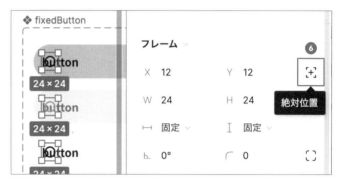

8 手順7までで一見問題なさそうなのですが、このままだと、片方のアイコンを非表示にした際に、テキストが偏ってしまいます。そのため、それぞれのアイコンに［絶対位置］を設定します。「medium」ボタン左側のアイコンを選択し、フレームパネルの ⑥［絶対位置］をクリックします。

図では複数のアイコンを選択していますが、1つひとつに絶対位置を適用してもかまいません。また、テキストの位置が左端になっていますが、これはのちほど解消されます

9 「medium」ボタン右側のアイコンを選択し、［絶対位置］をクリックします。また、⑦ 制約パネルで［左］となっている項目を［右］とします。

10 「small」ボタンの左右のアイコンも、［絶対位置］の適用と、右アイコンについては制約を［右］とします。

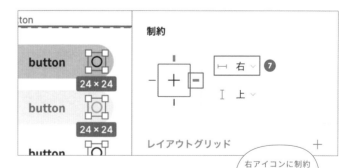

右アイコンに制約の［右］を設定することで、ボタンの幅を広げても位置が右端になります

完成 ボタンができました。

実例

　ボタンをインスタンスとして配置し、コンポーネントプロパティを調整することで、size、state、variantのバリアント、アイコンのあるなし、アイコンの種類を変更できます（図3-2）。

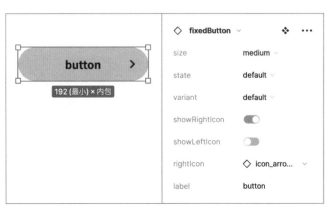

図3-2 ボタンを実装した例

フォーム

ユーザーが操作する際や入力する際に利用するコンポーネントがフォームです。フォームのうち、本Lessonでは文字列を入力するフォームの作成方法と実例を紹介します。

Keyword　#フォーム

フォーム

フォームは、ユーザーが文字列を入力することで操作ができる入力フォームのことを指します。ラジオボタンやチェックボックスなどもフォームには含まれますが、このLessonでは文字列が入力できるフィールドを作成します。

完成形を確認する

フォームは、1行の入力フィールド「input」と、複数行のテキストエリア「textarea」を用意しており、それらとタイトルなどテキストを組み合わせたコンポーネントを利用できます。

入力フィールドは、状態別のものを用意しています。ほか、左右のボタンの表示・非表示の切り替えと、右ボタンはカレンダーアイコンに変更可能なため、日付選択フィールドとして利用できます（図3-3）。

図3-3 フォーム完成形

作成手順

　Stockpile UIファイルの「作業ページ」へ移動し、Chapter 3のLesson 2の箇所で作業します。1行の入力フィールドを作成、テキストエリアを作成、フォームの構成要素を作成という手順で進めます。

入力フィールドを作成

　まずはフォームの基本形となる、1行の入力フィールド（入力欄）を作成しましょう。

▎入力フィールドを作成する

1　フォーム内に配置するテキストを用意します。これは入力例となるプレースホルダーテキストと、ユーザーが入力したテキストの2種類を兼ねます。テキストツールを選び、「sample@sample.com」と入力します。テキストスタイルの「Regular/regular-16」を設定し、塗りを「Text/placeholder」とします。

2　検索用のフォームで使う虫眼鏡アイコンを配置します。［アセット］→［ファウンデーション/アイコン］→「icon_search_24」をテキストの左側に配置します。また、アイコンの右側に余白を確保したいため、虫眼鏡アイコンを選択し、Shift+Aキーでオートレイアウトを作成します。オートレイアウトの設定として、右パディングに「Space/size-1」、ほかのパディングは「0」とします。

3　入力した内容のリセット用のバツアイコンを配置します。［アセット］→［ファウンデーション/アイコン］→「icon_search_24」をテキストの右側に配置します。

4　手順1〜手順3を選択し、オートレイアウトを設定します。フレーム名を「input」、❶［左揃え］、❷［アイテムの左右の間隔］は「0」、❸［水平パディング］［垂直パディング］は「Space/size-1_5」としておきます。

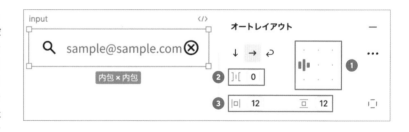

5　「input」に設定を加えます。フレームの塗りを「Background/primary」、［角の半径］を「Radius/radius-2」、線の幅を「1」、線の塗りを「Border/primary」、線の位置を［内側］とします。

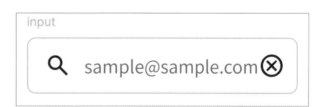

6　「input」フレームの幅を広げた際に、虫眼鏡アイコンとテキストは左、リセットアイコンは右端となるようにします。リセットアイコンを選択し、フレームパネルの［絶対位置］をクリックします。リセットアイコンがはみ出してしまうので、「input」フレームの幅を「300」に広げておきます。

7 リセットアイコンの位置を調整します。フレームパネルの ❹「X」に入れた数値が左からの位置となり、幅が「300」の場合に右から「12」の余白をとりたい場合、「264」となります。

要素を選択し、Alt (Macでは option) キーを押しながら要素にマウスオーバーすることで、右からの余白を確認できます

8「input」フレームの幅を変更しても、リセットアイコンが右から「12」となるよう、[制約] を変更します。リセットアイコンを選択し、制約パネルで制約を ❺ [右] に変更します。

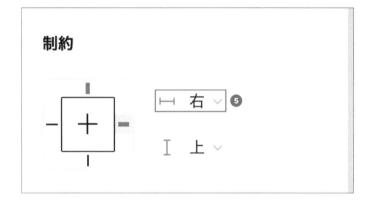

コンポーネントプロパティを設定する

コンポーネントプロパティを設定していきましょう。

1「input」を選択し、コンポーネント化します。

2 テキスト、左右アイコンの表示・非表示を切り替えられるようにするため、ブール値を設定します。それぞれの要素を選択し、右サイドバーのレイヤーパネル [（ブール値プロパティを作成）] アイコンをクリックします。名前は、テキストを「showText」、左端のアイコンを「showLeftIcon」、右端のアイコンを「showRightIcon」とします。

> **Point**
>
> 左端のアイコンは、アイコン自体にブール値を設定するのではなく、それを包んでいるオートレイアウトのフレームにブール値を設定するようにしましょう。

3 右のリセットアイコンを、別のアイコンに入れ替えられるように設定します。アイコンを選択し、[⟳（インスタンスの入れ替えプロパティを作成）] アイコンをクリックします。名前は「swapRightIcon」とし、[+（優先する値を選択）]アイコンをクリック、入れ替えて使うインスタンスとして「icon_calendar_24」にチェックを入れ、プロパティを作成します。

4 テキストにコンポーネントプロパティのテキストプロパティを設定します。テキストを選択し、テキストパネルの [⟳（テキストプロパティを作成）] アイコンをクリックし、[プロパティを作成]をクリックします。名前は、「text」とします。

完成 入力フィールドができました。

バリアントを作成

状態の異なる、4種類のバリアントの「focus」「error」「filled」「disabled」を作成します。

focusバリアントを作成する

1 選択中の状態となる「focus」バリアントを用意します。「input」コンポーネントを選択し、ツールバー中央の [バリアントの追加] をクリックしてバリアントを増やします。

2 focusでは周囲に線をさらに2つ設定するため、オートレイアウトをさらに2つ追加します。虫眼鏡アイコンとテキストを選択し、Shift + A キーでオートレイアウトを2つ作成します。

3 追加したオートレイアウトのフレームに、線の設定、オートレイアウトの設定をしていきましょう。最も内側のフレームは、フレーム名を「contents」とし、フレームパネルの [水平方向のサイズ調整] と [垂直方向のサイズ調整] を [コンテナに合わせて拡大]、[角の半径] を「Radius/radius-2」、オートレイアウトの [水平パディング] [垂直パディング] を「Space/size-1_5」とします。線の幅を「1」、線の塗りを「Border/primary」、線の位置を [内側] とします。

4 真ん中のフレームは、フレーム名を「outline」とし、フレームパネルの [水平方向のサイズ調整] [垂直方向のサイズ調整] を [コンテナに合わせて拡大]、角の半径を「Radius/radius-2」とします。線の幅を「2」、線の塗りを「Border/primary」、線の位置を [外側] とします。

右端のアイコンは含むと絶対位置の設定が崩れてしまうので、含みません

5 外側のフレームは、フレーム名の変更はバリアント名の変更の際に実施するためここでは変更なし、フレームパネルの [水平方向のサイズ調整] と [垂直方向のサイズ調整] を [コンテンツを内包]、[角の半径] を「Radius/radius-2」とします。線の幅を「4」、線の塗りを「Border/key-primary」、線の位置を [外側] とします。

6 テキストの塗りは「Text/primary」とします。

7 バリアントプロパティの名前と値を変更します。コンポーネントセットを選択、プロパティパネルの [◊◊ (プロパティを編集)] アイコンをクリックし、名前を「state」、値の1つ目を「medium」、2つ目を「focus」とします。

errorバリアントを作成する

1 エラー状態の表示となる「error」バリアントを用意します。「input」コンポーネントセットを下側に広げておき、「focus」バリアントを選択、ボタン下部に表示される「＋」ボタンの [バリアントの追加] をクリックしてバリアントを増やします。

2 3つ目のバリアントを選択し、右サイドバーの現在のバリアントパネルを修正します。「state3」となっている箇所をクリックし、「error」に書き換えます。

3 「error」バリアントに含まれる「outline」フレームは不要なので、[Ctrl] (Macでは [⌘]) + [Back space] ([delete]) キーなどで [グループ解除] をすることで削除しておきます。

4 「error」フレームに適用されている設定を解除していきます。[塗り] と [線] の「−（マイナス）」アイコンをクリックすることで削除します。

5 「contents」フレームの内側になるよう、レイヤータブで「icon_cancel_24」をドラッグ＆ドロップします。

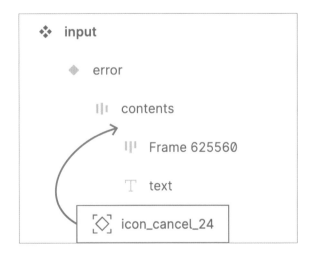

6 「contents」の設定を変更します。フレームパネルで [水平方向のサイズ調整] は [コンテナに合わせて拡大]、[垂直方向のサイズ調整] を [コンテンツを内包] とします。塗りを「Background/error」、線の塗りを「Border/error」とし、テキストの塗りは「Text/primary」とします。

7 下部にエラーメッセージを配置します。まず、「error」フレームの [垂直方向のサイズ調整] を [コンテンツを内包] に、オートレイアウトの設定の並びを [縦に並べる]、揃えを [左揃え]、[アイテムの上下の間隔] を「Space/size-0_25」にします。

8 テキストをフレーム外に作成し、「エラーメッセージが表示されます」と入力します。テキストスタイルの「Regular/regular-16」を設定し、塗りを「Text/placeholder」とします。

9 手順8のテキストを「error」フレームの中にドラッグ＆ドロップします。フレームの下部にマウスオーバーさせると、青く太い線が表示されるので、これを確認してドロップしましょう。

10 「error」の作成が問題なければ次の表示になります。

filled、disabledバリアントを作成する

1 コンポーネントセットを選択し、ツールバー中央の [バリアントの追加] またはコンポーネントセット下部の [バリアントの追加] ボタンをクリックし、バリアントを 2 つ増やします。

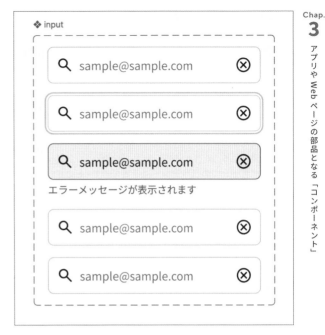

2 バリアントプロパティの名前と値を変更します。コンポーネントセットを選択、プロパティパネルの [⋮⋮ (プロパティを編集)] アイコンをクリックし、値の 4 つ目を「state4」から「filled」、5 つ目を「state5」から「disabled」とします。

3 「filled」バリアントは、テキストの塗りのみを変更します。テキストの塗りを「Text/primary」とします。

4 「disabled」バリアントの設定を変更します。フレームの塗りを「Background/disabled」、線の塗りを「Border/disabled」とし、アイコンの塗りを「Icon/disabled」、テキストの塗りを「Text/placeholder」とします。

完成 4つのバリアントができました。

テキストエリアを作成

複数行にわたる入力フォームのテキストエリアを用意します。

テキストエリアを作成する

複数行にわたる入力フォームのテキストエリアを用意します。

1 「input」のコンポーネントセットをまるごと右側にコピー＆ペーストします。虫眼鏡アイコンがある 5 つのバリアントは不要なので、その 5 つは削除します。

オートレイアウトが適用されているため、テキストのすぐ右に配置されます

2 右側のバツアイコンをすべて削除し、かわりに右下に拡大ができることを示すアイコンを配置します。［アセット］→［ファウンデーション/アイコン］→「icon_expand_8」をフレーム内にドラッグ＆ドロップします。

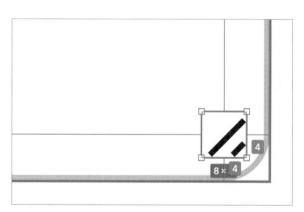

3 拡大アイコンを選択し、絶対位置を適用、下と右から「4」の位置に移動させ、［制約］を「右」「下」に変更します。

小さい数値を確認する際には、拡大倍率を上げましょう

4 ほかの 4 つのバリアントにも適用します。3.をコピーし、フレームを選択してペーストすることで、右下の位置に［絶対位置］かつ［制約］の値を保ったまま配置されます。

5 テキストエリアの高さを確保するため、フレームの高さを変更します。フレームの高さを調整しやすくするため、コンポーネントセットにオートレイアウトを設定します。

「focus」「error」は、該当するフレームがほかのバリアントと違うため、拡大する際には注意しましょう

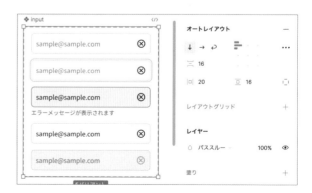

6 オートレイアウトが適用されているフレームを選択し、高さを「80」にします。また、オートレイアウトを[上揃え（左）]とすることで、テキストを左上にしましょう。

完成 テキストエリアができました。

フォームの構成要素を作成

〜〜〜

　フォームには、入力欄だけでなく、見出し部分、「必須」の表示、関連テキストが必要となるため、これらを用意します。

フォームの構成要素を作成する

1 テキストツールを選び、「Title」と入力します。テキストスタイルの「Bold/bold-16」を設定、塗りを「Text/primary」とします。

2 手順1の右隣にテキストを作成します。「必須」と入力し、「Regular/regular-14」を設定、塗りを「Text/attention」とします。

3 手順1と手順2にオートレイアウトを適用します。フレーム名は「title」、❶[アイテムの左右の間隔]を「Space/size-1」とし、❷[左揃え]とします。

4 手順3の下にテキストを作成します。「関連テキスト」と入力し、「Regular/regular-14」を設定、塗りを「Text/primary」とします。

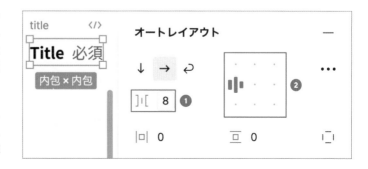

5 手順3と手順4の下に「input」のインスタンスを配置し、これらにオートレイアウトを適用します。フレーム名は「formInput」、[アイテムの上下の間隔]を「Space/size-1」とします。

6 「formInput」を複製、フレーム名を「formTextarea」とし、「input」のインスタンスを「textarea」のインスタンスに差し替えます。「formInput」と「formTextarea」をどちらもコンポーネント化します。

7 「formInput」コンポーネントに、コンポーネントプロパティを設定していきましょう。「Title」と「関連テキスト」にテキストプロパティを適用します。それぞれの要素を選択し、テキストパネルの[⟐（テキストプロパティを作成）]アイコンをクリック、名前はそれぞれ「titleｌ」「supportText」とし、[プロパティを作成]ボタンをクリックします。

8 「関連テキスト」と「必須」にブール値を設定します。それぞれの要素を選択し、右サイドバーのレイヤーパネル[⟐（ブール値プロパティを作成）]アイコンをクリックします。名前は、関連テキストを「showText」、必須を「showRequired」とします。

9 フォームの構成要素に[ネストされたインスタンス]を設定します。「formInput」コンポーネントを選択し、プロパティパネルの[＋（コンポーネントプロパティを作成）]から❶[ネストされたインスタンス]をクリック、[プロパティの公開元]に配置されている「input」が表示されますので、チェックを入れます。

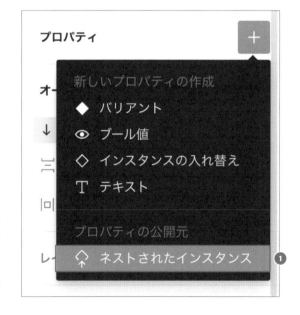

10 手順7〜手順9を、「formTextarea」にも適用します。

> **Point**
> [ネストされたインスタンス]をコンポーネントに追加することで、内側に配置されているinputやtextareaのインスタンスを変更したいときに、奥までたどってインスタンスを選択しなくとも、大枠のコンポーネントから変更できるようになります。

完成 フォームの構成要素ができました。

実例

　入力フォームを配置し、コンポーネントプロパティを調整することで、テキスト入力フィールド、検索フィールド、日時の入力などに対応可能です（図3-4）。

図3-4 フォームを実装した例

トグル

クリック（タップ）操作をすることで、オンとオフを切り替えられるコンポーネントであるトグルの作成手順と実例を紹介します。

`Keyword` #トグル

トグル

トグルとは、同一の操作で2つの状態を交互に切り替えること、またはその装置のことです。UIデザインでは、クリック（タップ）操作をすることで、オンとオフを切り替えられるコンポーネントのことで、トグルスイッチという呼び方もします。

完成形を確認する

オンの状態を表すkeyカラーでつまみ部分が右揃えスイッチと、オフの状態を表すdisabledカラーでつまみ部分が左揃えのスイッチからなるコンポーネントです（図3-5）。

図3-5 トグル完成形

作成手順

Stockpile UIファイルの「作業ページ」へ移動し、Chapter 3のLesson 3の箇所で作業します。円を作成、外側部分を作成、コンポーネント化とバリアントを作成、という手順で進めます。

トグルスイッチを作成する

1 ツールバーから❶楕円を選択し、円を作成します。

2 円のサイズを設定します。[幅] の入力欄右端の ❷「⊙（バリアブル）」アイコンをクリックし、バリアブルの「Numbers/24」を適用します。

3 影を設定します。[エフェクト] パネルの「⠿（スタイル）」アイコンをクリックし、「shadow-down1」を適用します。

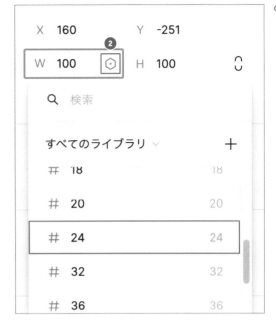

4 カラーを設定します。[塗り] パネルの「⠿（スタイルとバリアブル）」アイコンをクリックし、「Background/primary」を適用します。

外側部分を作成する

1 作成した円を選択し、オートレイアウトを作成します。単体へのオートレイアウトの適用となるため、Shift + A キーでオートレイアウトを作成します。

2 フレームの設定をします。❶ [水平方向のサイズ調整] を「固定」に、❷ [幅] にバリアブルの「Numbers/24」を適用、❸ [角の半径] にバリアブルの設定「Radius/radius-99」を適用します。また、フレーム名を「toggle」に変更しておきましょう。

3 オートレイアウトの設定をします。オートレイアウトの値を **④** [横に並べる] にし、**⑤** [右揃え] にします。**⑥** [水平パディング] [垂直パディング] を「Space/size-0_25」にします。

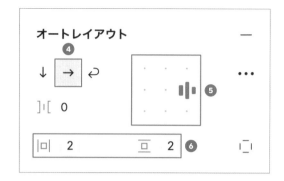

4 カラーを設定します。[塗り] パネルの「**⠿** (スタイルとバリアブル)」アイコンをクリックし、「Background/key」を適用します。

コンポーネント化とバリアントを作成する

1 「オフ」状態のトグルスイッチを作成します。「toggle」フレームをコンポーネント化し、ツールバー中央の [バリアントの追加] をクリックします。

2 下部のバリアントを選択し、**❶** [左揃え] に変更します。

3 [塗り] をバリアントの「Background/disabled」に変更します。

4 バリアントのプロパティ名を初期設定から
変更します。コンポーネントセットを選択
し、コンポーネントプロパティの❷「↓↑（プ
ロパティを編集）」アイコンをクリックしま
す。

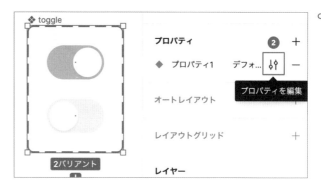

5 ❸名前を「state」、❹値の上を「ON」、下を
「OFF」とします。

完成 トグルができました。

実例

　トグルスイッチは、設定画面のようなオン・
オフが必要な項目に使うとよいでしょう。実
例として、通知設定の「プッシュ通知」「メール
通知」のオン・オフ切り替えにトグルスイッチ
を使用しています（図3-6）。

図3-6 トグルスイッチを実装した例

ラジオボタン

ボタンをクリック（タップ）することで、選択肢の中から1つのみを選択できるコンポーネント
のラジオボタンの作成手順と実例を紹介します。

Keyword #ラジオボタン

ラジオボタン

ラジオボタンは、複数の選択肢の中から1つのみを選択させたいときに使用するコンポーネントです。ボタンをクリック（タップ）することで項目を選択できます。

完成形を確認する

ボタンとテキストの組み合わせでできているコンポーネントです（図3-7）。テキストは選択肢の内容を記載します。選択中の状態と、選択していない状態の2つを作成します。

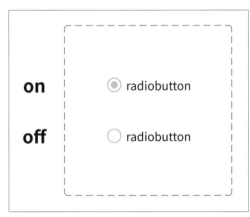

図3-7 ラジオボタン完成形

作成手順

Stockpile UIファイルの「作業ページ」へ移動し、Chapter 3のLesson 4の箇所で作業します。ボタンを作成、テキストを作成、ボタンとテキストにオートレイアウトを適用、コンポーネント化とバリアント作成、コンポーネントプロパティを適用、という手順で進めます。

ボタンを作成する

1 [アセット] から [ファウンデーション/アイコン] を開き、「icon_radiobutton_24」を配置します。

2 ボタンの縁の円と、ボタンの中央部分の塗りに適用されている「Icon/primary」を「Key/primary」に変更します。

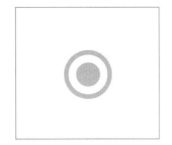

テキストを作成する

1 ツールバーからテキストを選択し、配置します。テキストに「radiobutton」と入力します。

2 テキストパネルの「∷（スタイルとバリアブル）」アイコンをクリックし、「Regular/regular-16」を適用し、テキストを [左揃え] にします。[塗り] パネルの「∷（スタイルとバリアブル）」アイコンをクリックし、「Text/primary」を適用します。

radiobutton

ボタンとテキストにオートレイアウトを適用する

1 ボタンとテキストを選択し、オートレイアウトを作成します。❶ [左揃え（中央）] を適用し、❷ [アイテムの左右の間隔] に「Space/size-0_5」を適用します。

2 ［フレーム］パネルのH（高さ）から ❸［最小
高さを追加］をクリックし、［最小高さ］に
「Numbers/48」を適用します。

3 フレームの名称を「radiobutton」にします。

Point

スマートフォンで使用する際にタップしやす
い領域を確保するために、最小高さを指定し
ています。

⦿ radiobutton

コンポーネント化とバリアント、コンポーネントプロパティをを作成する

1 作成した「radiobutton」フレームをコンポー
ネント化します。ツールバー中央の［バリア
ントの追加］をクリックし、バリアントを合
計2つにします。

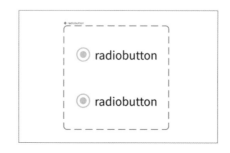

2 下部のバリアントの、ボタン部分の「icon_radiobutton_24」バリアントのstateを「OFF」にします。

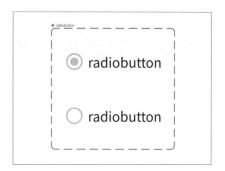

3 バリアントのプロパティ名を初期設定から変更します。コンポーネント・セットを選択し、コンポーネントプロパティの❶「（プロパティを編集）」アイコンをクリックします。

4 名前を「state」、値の上を「ON」、下を「OFF」とします。

コンポーネントプロパティを適用する

1 「radiobutton」と入力したテキストを2つとも選択し、テキストパネルの❶「（テキストプロパティを追加）」アイコンをクリックします。

2 名前を「text」、値はそのまま「radiobutton」にします。[プロパティを作成]ボタンをクリックします。

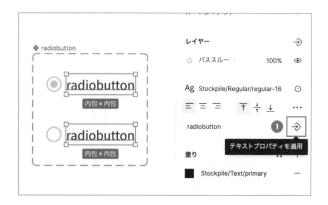

完成 ラジオボタンができました。

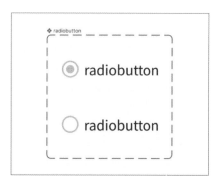

ドロップダウンメニュー

クリック（タップ）することで、隠された複数の項目が表示され、その中の１つを選択できるメニューであるドロップダウンメニューを作成します。

Keyword #ドロップダウンメニュー

ドロップダウンメニュー

ドロップダウンメニューとは、クリック（タップ）することで、隠された複数の項目が表示され、その中の１つを選択できるメニューのUIです。

WebページやWebアプリでは、option要素で実装することになります。

完成形を確認する

通常状態と、マウスオーバー時の状態の違いを用意しています（図3-8）。

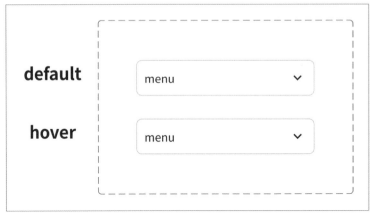

図3-8 ドロップダウンメニュー

クリックした後の表示は、このLessonでは用意しないため、別途作成する必要があります。Chapter 3のLesson 13のアコーディオンで用意したコンポーネントを利用するとよいでしょう。

WebページやWebアプリのoption要素では、クリックした後の表示項目はブラウザ依存のUIが表示されるため、作成は不要です。

作成手順

　Stockpile UIファイルの「作業ページ」へ移動し、Chapter 3のLesson 5の箇所で作業します。テキストとアイコンを作成し、オートレイアウトを適用、コンポーネント化とコンポーネントプロパティを設定、という手順で進めます。

▌ドロップダウンメニューを作成する

1　テキストを作成し、「button」と入力します。テキストスタイルの「Regular/regular-16」を設定し、塗りを「Text/primary」とします。

2　[アセット]から[ファウンデーション/アイコン]を開き、「icon_arrow_down_24」を配置します。

3　テキストとアイコンを選択し、オートレイアウトを作成します。❶「横に並べる」にし、❷[アイテムの左右の間隔]を「自動」、❸[水平パディング][垂直パディング]を「Space/size-1_5」とします。

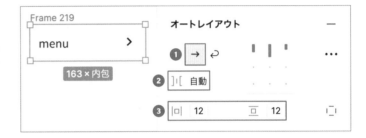

4　塗りと線を設定します。❹背景の塗りのを「Background/primary」、❺線の太さを「1」、❻線の塗りは「Border/primary」、❼線の位置は「内側」とします。

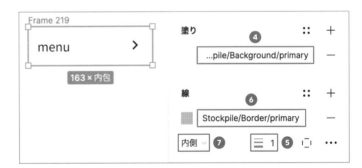

5　W（幅）の最小幅を「256」とします。角の半径に「Radius/radius-2」を入れます。

6　フレーム名を❽「dropDownMenu」とします。

コンポーネント化とバリアントを作成する

1 dropDownMenuをコンポーネント化します。

2 別のアイコンを選べるように設定します。アイコンを選択し、[⇄（インスタンスの入れ替えプロパティを作成）] アイコンをクリックします。名前は「iconSwap」とします。[＋（優先する値を選択）] アイコンをクリックし、入れ替えて使うインスタンスとして、下向き矢印のアイコンと上向き矢印のアイコンにチェックを入れておき、[プロパティを作成] ボタンをクリックします。

3 テキストにテキストプロパティを適用します。テキストを選択し、テキストパネルの [⇄（テキストプロパティを作成）] アイコンをクリックし、名前を「label」として、[プロパティを作成] ボタンをクリックします。

4 バリアントの追加をします。2つ目のバリアントの背景の塗りを「Background/hover」に変更します。

5 バリアントプロパティの名前と値を変更します。コンポーネントセットを選択、プロパティパネルの [⇋（プロパティを編集）] アイコンをクリックし、名前を「state」、値の1つ目を「default」、2つ目を「hover」とします。

完成 ドロップダウンメニューができました。

実例

　ドロップダウンメニューは、複数の項目の中から1つを選ぶ操作の際に利用します。実例として、飲食店チェーンの住所を絞り込むUIにドロップダウンメニューを使用しています（図3-9）。

図3-9 ドロップダウンメニューを実装した例

138

チェックボックス

長方形をクリックすることでチェックマークが入り、複数の選択肢の中から複数選択できるコンポーネントであるチェックボックスの作成手順と実例を紹介します。

Keyword　#チェックボックス

チェックボックス

　チェックボックスは、複数の選択肢の中から複数の項目が選べるときに使用するコンポーネントのことです。アイコンをクリック（タップ）することで項目を選択できます。

完成形を確認する

　四角いエリアとテキストの組み合わせでできているコンポーネントです（図3-10）。テキストは選択肢の内容が記載されます。選択していない状態、選択中の状態、エラー状態、選択できない状態の4つを作成します。

図3-10 チェックボックス完成形

作成手順

Stockpile UIファイルの「作業ページ」へ移動し、Chapter 3のLesson 6の箇所で作業します。チェックボックスを作成、テキストを作成、アイコンとテキストにオートレイアウトを適用、コンポーネント化とバリアント作成、コンポーネントプロパティを適用、という手順で進めます。

チェックボックスを作成する

1 [アセット]から[ファウンデーション/アイコン]を開き、「icon_checkbox_24」を配置します。

2 チェック状態のボタンと、ボタンの縁の塗りに適用されている「Icon/primary」を「Icon-key/primary」に変更します。

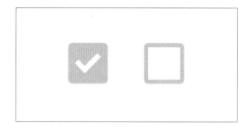

テキストを作成する

1 ツールバーからテキストを選択し、配置します。テキストには「checkbox」と入力します。

2 テキストパネルの「⠿（スタイルとバリアブル）」アイコンをクリックし、「Regular/regular-16」を適用、テキストを[左揃え]にします。塗りパネルの「⠿（スタイルとバリアブル）」アイコンをクリックし、「Text/primary」を適用します。

アイコンとテキストにオートレイアウトを適用する

1 アイコンとテキストを選択し、オートレイアウトを作成します。❶[左揃え（中央）]を適用し、❷[アイテムの左右の間隔]に「Space/size-0_5」を適用します。

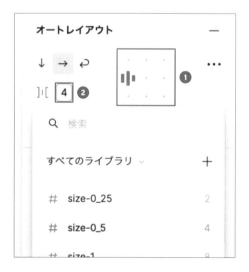

2 フレームパネルのH（高さ）から ❸ ［最小高さを追加］
をクリックし、［最小高さ］に「Numbers/48」を適用
します。

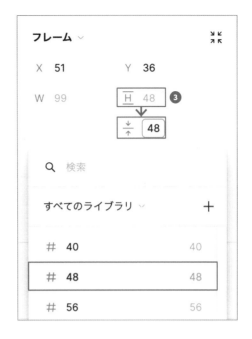

3 フレームの名称を「checkbox」にします。

コンポーネント化とバリアント、
コンポーネントプロパティをを作成する

1 作成した「checkbox」フレームをコンポーネント化
します。ツールバー中央の［バリアントの追加］、ま
たはコンポーネントセット下部の［＋（バリアントの
追加）］ボタンをクリックし、バリアントを合計4つに
します。

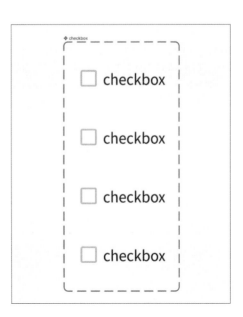

2 上から2番目のバリアントの「icon_checkbox_24」アイコンの❶ stateを「ON」にします。

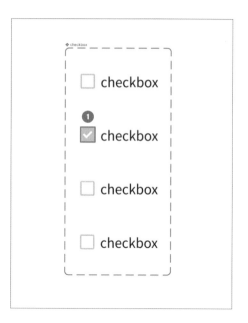

3 上から3つ目のバリアントの「checkbox」アイコンの線の塗りと、テキストの塗りを変更します。「icon_checkbox_24」アイコンの縁を選択し、塗りパネルの「⠿（スタイルとバリアブル）」アイコンをクリックして「Border/error」を適用します。アイコンの塗り部分を選択し、塗りパネルの「⠿（スタイルとバリアブル）」アイコンをクリックして「Background/error」を適用します。テキストをクリックし、塗りパネルの「⠿（スタイルとバリアブル）」アイコンをクリックして「Text/attention」を適用します。

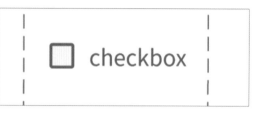

4 最下部のバリアントのカラーを変更します。「icon_checkbox_24」アイコンの縁を選択し、塗りパネルの「⠿（スタイルとバリアブル）」アイコンをクリックして「Border/disabled」を適用します。アイコンの塗り部分を選択し、塗りパネルの「⠿（スタイルとバリアブル）」アイコンをクリックして「Background/disabled」を適用します。テキストをクリックし、塗りパネルの「⠿（スタイルとバリアブル）」アイコンをクリックして「Text/disabled」を適用します。

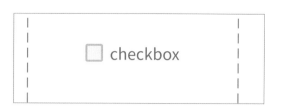

5 バリアントのプロパティ名を初期設定から変更します。コンポーネントセットを選択し、コンポーネントプロパティの❷「⟨φ（プロパティを編集）」アイコンをクリックします。

6 名前を「state」、値を上から「default」「checked」「error」「disabled」とします。

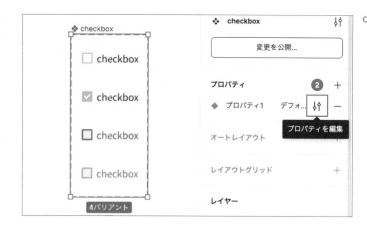

コンポーネントプロパティを適用する

1 「checkbox」と入力したテキストを4つすべて選択し、テキストパネルの❶「⇨（テキストプロパティを追加）」アイコンをクリックします。

2 名前を「text」、値はそのまま「checkbox」にし、[プロパティを作成]ボタンをクリックします。

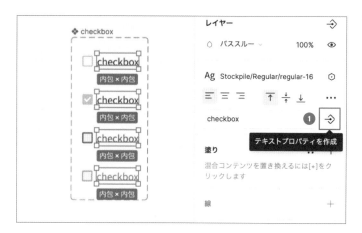

完成 チェックボックスができました。

実例

チェックボックスは、複数の選択肢の中から複数の項目が選べるときに使用します。また、1つのみ選択、1つも選択しない、といった状態をとることもできます。実例として、「雇用形態」や「こだわり条件」など複数項目の検索に使用しています（図3-11）。

図3-11 チェックボックスを実装した例

「利用規約に同意」のように、ユーザーに確認を求めるときにも使用します（図3-12）。

図3-12 「利用規約に同意」に使用した例

Chapter

3

Lesson

7

セグメンテッドコントローラー

情報を切り分けて表示する際に使用するコンポーネントであるセグメンテッドコントローラーの作成手順と実例を紹介します。

Keyword　#セグメンテッドコントローラー

セグメンテッドコントローラー

セグメンテッドコントローラーは、情報を切り分けて表示するコンポーネントです。タブと似ていますが、タブはカテゴリ別でニュースを表示する際など、並列な情報を切り分けて表示することに使用します。

完成形を確認する

左、中央、右のコンポーネントをそれぞれ作成します。バリアントを使用し、選択中の状態も作成します（図3-13）。

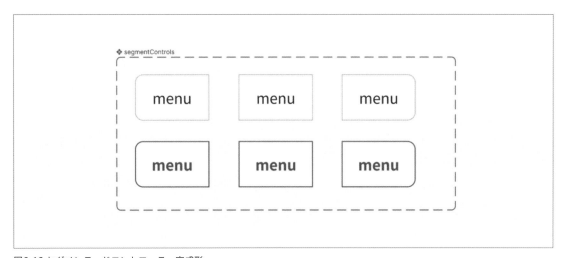

図3-13 セグメンテッドコントローラー完成形

作成手順

Stockpile UIファイルの「作業ページ」へ移動し、Chapter 3のLesson 7の箇所で作業します。中央部分を作成、コンポーネント化とバリアントを作成、コンポーネントプロパティを適用、という手順で進めます。

コントローラーを作成する

1 ツールバーからテキストを選択し、配置します。テキストに「menu」と入力します。

2 テキストパネルの「:: (スタイルとバリアブル)」アイコンをクリックし、「Regular/regular-16」を適用し、テキストを[中央揃え]にします。塗りパネルの「:: (スタイルとバリアブル)」アイコンをクリックし、「Text/primary」を適用します。

3 テキストにオートレイアウトを使用します。単体へのオートレイアウトの適用となるため、Shift+Aキーでオートレイアウトを作成します。

4 オートレイアウトを設定します。❶[中央揃え]を適用し、❷[水平パディング]に「Space/size-1_5」を適用し、❸[垂直パディング]に「Space/size-1」を適用します。

5 塗りと線を設定します。塗りパネルの「:: (スタイルとバリアブル)」アイコンをクリックし、「Background/primary」を適用します。線パネルの「:: (スタイルとバリアブル)」アイコンをクリックし、「Border/primary」を適用します。❹線の位置を[外側]にし、❺線の太さに「1」を入力します。

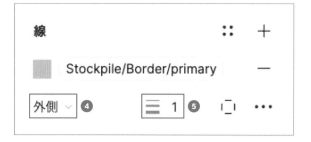

6 フレーム名を「segmentControls」に変更します。

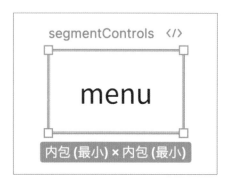

コンポーネント化とバリアント を作成する

1 「segmentControls」フレームをコンポーネント化します。ツールバー中央の［バリアントの追加］、またはコンポーネントセット下部の［＋（バリアントの追加）］ボタンをクリックし、バリアントを合計3つにします。

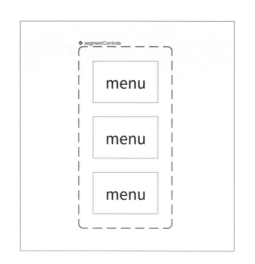

2 最上部のバリアントを選択します。フレームパネルの ❶［個別の角］を選択し、❷［左上角の半径］と［左下角の半径］に「Radius/radius-2」を適用します。

3 最下部のバリアントを選択します。フレームパネルの ❸［個別の角］を選択し、❹［右上角の半径］と［右下角の半径］に「Radius/radius-2」を適用します。

4 バリアントのプロパティ名を初期設定から変更します。コンポーネントセットを選択し、コンポーネントプロパティの❺「↓↑（プロパティを編集）」アイコンをクリックします。

5 名前を「position」、値を上から「right」「center」「left」とします。

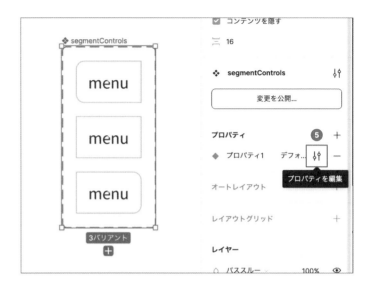

6 「right」「center」「left」の3つのバリアントをそれぞれ1つずつ複製します。

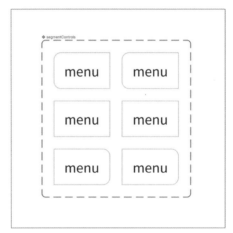

7 手順4で複製した3つのバリアントの塗りを変更します。塗りパネルの「∷（スタイルとバリアブル）」アイコンをクリックし、「Background/hover」を適用します。線パネルの「∷（スタイルとバリアブル）」アイコンをクリックし、「Border/key-secondary」を適用します。テキストを選択し、塗りパネルの「∷（スタイルとバリアブル）」アイコンをクリックし、「Text/key」を選択します。

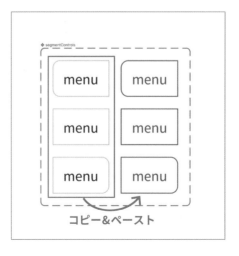

コピー&ペースト

8 コンポーネントセットを選択し、プロパティパネルの**⑧**「＋」アイコンをクリックして［バリアント］を選択します。

9 名前を「state」にし、値を「default」とします。［プロパティを作成］ボタンをクリックします。

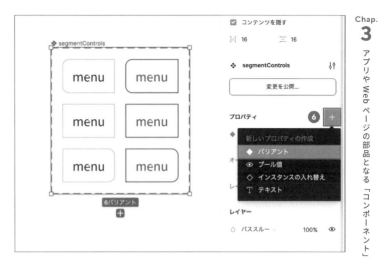

10 手順7で色を変更した3つのバリアントをまとめて選択し、現在のバリアントパネルの「default」のプルダウンをクリックします。**❼** ［新規追加］を選択し、「selected」と入力します。

コンポーネントプロパティを適用

**コンポーネントプロパティを
適用する**

1 「menu」と入力したテキストを3つ選択
し、テキストパネルの ❶ 「→ (テキスト
プロパティを追加)」アイコンをクリック
します。

2 名前を「text」、値はそのまま「menu」に
します。[プロパティを作成]ボタンをク
リックします。

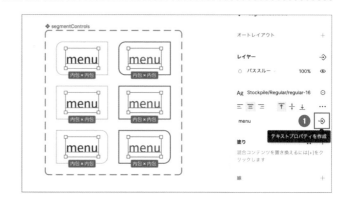

完成 セグメンテッドコントローラーができま
した。

この図では、見やす
くするため横並びに
なるよう、コンポー
ネントセットの枠を
広げて位置を移動さ
せています

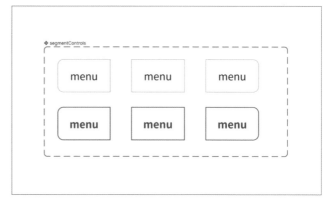

実例

セグメンテッドコントローラーは、リス
ト・カード表示の切り替えや、今日・昨日・1
か月のランキングの切り替えに使用すると
よいでしょう。実例では、週間・月間・年間
別で情報の表示を切り分けることに使用し
ています（図3-14）。

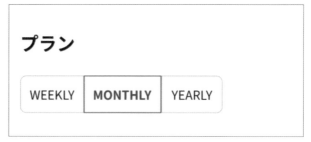

図3-14 セグメンテッドコントローラーを実装した例

Chapter
3

Lesson
8

ハンバーガーナビゲーション

ナビゲーションの項目を省略表示する際に使用するコンポーネントであるハンバーガーナビゲーションの作成手順と実例を紹介します。

Keyword #ハンバーガーナビゲーション

ハンバーガーナビゲーション

ハンバーガーナビゲーションは、横の三本線が並んだアイコンデザインのボタンをクリック（タップ）することで、ナビゲーションの項目を開閉するコンポーネントです。三本線がハンバーガーに似ていることからそう呼ばれています。

完成形を確認する

ハンバーガーナビゲーションが閉じている際の表示と、開いた際の表示をそれぞれ作成します（図3-15）。

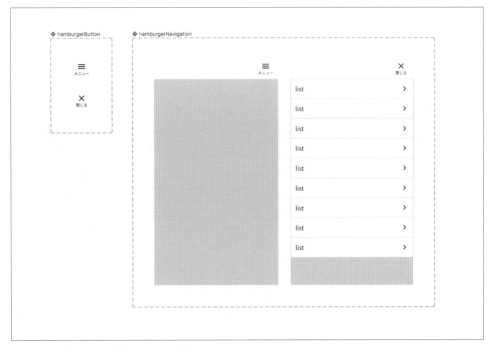

図3-15 ハンバーガーナビゲーション完成形

本Lessonで利用するリストはChapter 3のLesson 14で作成します。リストを自作しない場合、Stockpile UIのコンポーネントを利用しましょう。

作成手順

Stockpile UIファイルの「作業ページ」へ移動し、Chapter 3のLesson 8の箇所で作業します。ハンバーガーボタンを作成、ハンバーガーボタンのコンポーネント化とバリアントを作成、全体のコンポーネント化とバリアントを作成、という手順で進めます。

ハンバーガーボタンを作成する

1 ツールバーからテキストを選択し、配置します。テキストに「メニュー」と入力します。

2 テキストパネルの「⠿（スタイルとバリアブル）」アイコンをクリックし、「Other/other-10」を適用し、テキストを［中央揃え］にします。塗りパネルの「⠿（スタイルとバリアブル）」アイコンをクリックし、「Text/primary」を適用します。

3 ［アセット］から［ファウンデーション/アイコン］を開き、「icon_menu_24」を配置します。

4 「icon_menu_24」アイコンと「メニュー」と入力したテキストを選択し、オートレイアウトを使用します。このとき、アイコンが上、テキストが下となるようにします。

5 オートレイアウトを設定します。それぞれ❶［縦に並べる］、❷［上揃え（中央）］、❸［上パディング］に「Space/size-0_5」を適用します。

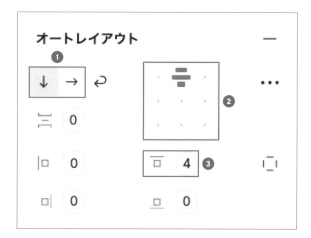

6 サイズを設定します。❹W（幅）に「Number/48」を適用し、❺H（高さ）にも同様に「Number/48」を適用します。

7 フレーム名を「hamburgerButton」に変更します。

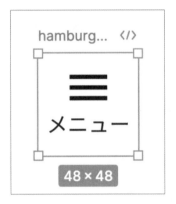

ハンバーガーボタンのコンポーネント化とバリアントを作成する

1 「hamburgerButton」フレームをコンポーネント化します。ツールバー中央の［バリアントの追加］をクリックし、バリアントを合計2つにします。

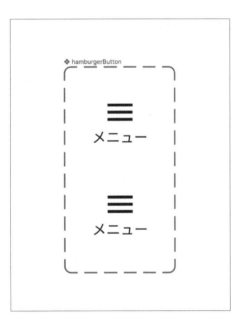

2 下部のバリアントのアイコンとテキストを変更します。❶「icon_menu_24」アイコンを選択し、❷[インスタンスの入れ替え]から「icon_close_24」を選択します。テキストに「閉じる」と入力します。

3 バリアントのプロパティ名を初期設定から変更します。コンポーネントセットを選択し、コンポーネントプロパティの❸「⁑（プロパティを編集）」アイコンをクリックします。

4 名前を「state」、値を上から「ON」「OFF」とします。

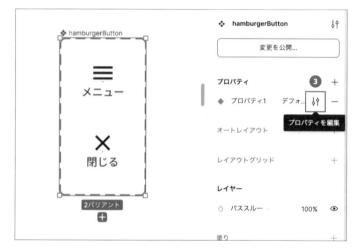

コンポーネント化とバリアントを作成する

1 コンポーネント化した「hamburgerButton」を選択します。

2 オートレイアウトを使用します。単体へのオートレイアウトの適用となるため、[Shift]+[A]キーでオートレイアウトを作成します。

3 サイズを設定します。フレームパネルの❶W（幅）に「320」と入力し、❷H（高さ）に「Numbers/48」を適用します。幅は後から変更するので、自由な値を入力してかまいません。

4 塗りを設定します。塗りパネルの「∷（スタイルとバリアブル）アイコンをクリックし、「Background/primary」を適用します。フレームの名前を「header」にします。

5 「header」フレームにオートレイアウトを使用します。単体へのオートレイアウトの適用となるため、Shift＋Aキーでオートレイアウトを作成します。

6 オートレイアウトを[上揃え（左）]にします。

7 オートレイアウトを適用したフレームに、サイズを設定します。フレームパネルの❸W（幅）に「320」と入力し、❹H（高さ）に「568」を適用します。

8 塗りを設定します。塗りパネルの「∷（スタイルとバリアブル）」アイコンをクリックし、「Gray/gray-200」を適用します。フレームの名前を「hamburgerNavigation」にします。

9 「header」を選択し、[水平方向のサイズ調整]を [コンテナに合わせて拡大] にします。

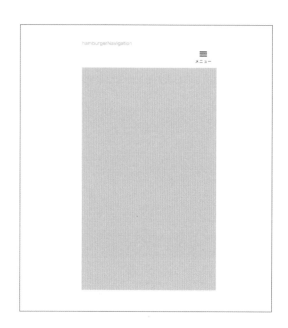

10 「hamburgerNavigation」フレームをコンポーネント化します。ツールバー中央の [バリアントの追加] をクリックし、バリアントを合計2つにします。

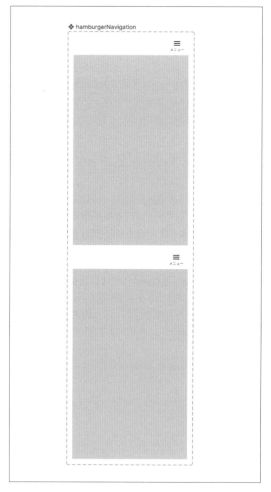

11 下部のバリアントの「hamburgerButton」を
選択し、stateを「OFF」にします。

12 Lesson 14 で作成したリスト、または [アセット] から [コンポーネント/list] を開いて「list」を配置し、下部のバリアントのフレーム内にペーストします。オートレイアウトが適用されているため、敷き詰めるかたちで配置できます。個数はいくつでもかまいませんが、サンプルデータでは9つにしています。

13 コンポーネントセットを選択し、プロパティパネルの ⑤「+」アイコンをクリックして ⑥［ネストされたインスタンス］をクリックします。［プロパティの公開元］の「list」すべてにチェックを入れます。

14 バリアントのプロパティ名を初期設定から変更します。コンポーネントセットを選択し、コンポーネントプロパティの ⑦「♯（プロパティを編集）」アイコンをクリックします。

15 名前を「state」、値を上から「close」「open」とします。

完成 ハンバーガーナビゲーションができました。

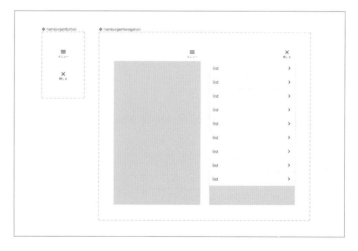

実例

　ハンバーガーナビゲーションは、ナビゲーションの項目が多いときに使うとよいでしょう。少ないときに使用してしまうと、情報量が少ない印象を与えてしまうことがあります。実例では、会社紹介用のアプリのナビゲーションに使用しています（図3-16）。

図3-16 ハンバーガーナビゲーションを実装した例

Chapter
3

Lesson
9

ヘッダー

各画面への移動先を掲載したナビゲーションUIにはいくつか種類がありますが、そのうちの1つとなるヘッダーを作成します。

Keyword　#ヘッダー

ヘッダー

　ヘッダーとは、直訳すると頭部や上部となり、画面の上部に配置するUIのことです。WebページやWebアプリの場合、多くの場合は各画面への移動先を掲載したナビゲーションUIとしてヘッダーを配置します。

> **Point**
>
> スマートフォンアプリの場合、画面下部にナビゲーションを配置することもあり、その場合はChapter 3のLesson 11で作成するナビゲーションバーを配置します。

完成形を確認する

　スマートフォン、タブレット端末、パソコンのそれぞれの画面に合わせたヘッダーを用意します（図3-17）。

図3-17 ヘッダー完成形

　ハンバーガーナビゲーションはChapter 3のLesson 8、ボタンはChapter 3のLesson 1、タブはChapter 3のLesson 10で作成します。これらを自作しない場合、Stockpile UIのコンポーネントを利用しましょう。

作成手順

Stockpile UIファイルの「作業ページ」へ移動し、Chapter 3のLesson 9の箇所で作業します。スマートフォン用の表示を作成、タブレット端末用の表示を作成、パソコン用の表示を作成という手順で進めます。

┃ スマートフォン用の表示を作成する

1 左側にダミー用の長方形を配置します。W（幅）「120」、H（高さ）「32」の長方形を配置します。長方形を選択し、Shift＋Aキーでオートレイアウトを作成しておきます。周囲のパディングは「0」とします。

2 右側にChapter 3のLesson 8で作成したハンバーガーメニュー、または［アセット］から［コンポーネント/hamburgerMenu］を開き、「hamburgerButton」を配置します。

3 長方形とハンバーガーメニューを選択し、オートレイアウトを適用します。❶［アイテムの左右の間隔］は［自動］、❷並びは［中央揃え］とし、❸［左パディング］を「Space/size-2」、❹［右パディング］を「Space/size-1」、❺［垂直パディング］を「Space/size-0_25」とします。

4 W（幅）の最小幅を「320」、H（高さ）の最小高さを「48」とします。❻塗りを「Background/primary」とし、線を下線のみ設定し、❼塗りを「Border/primary」、❽太さは「1」とします。

5 フレーム名を「header」とし、コンポーネント化します。

┃ タブレット端末用の表示を作成する

1 「header」コンポーネントを選択し、バリアントの追加をします。

2 バリアントプロパティの名前と値を変更します。コンポーネントセットを選択して、プロパティパネルの［🔧（プロパティを編集）］アイコンをクリックし、名前を「device」、値の1つ目を「smartphone」、2つ目を「tablet」とします。

3 W（幅）を「767」とします。要素が
コンポーネントセットの枠からは
み出てしまうので、サイズ調整し
ておきましょう。

4 Chapter 3のLesson 1で作成し
たボタン、または［アセット］か
ら［コンポーネント/button］を
開き、「fixedButton」を2つ配置
します。ボタンのバリアントは
「size」を「small」とし、この2つ
にオートレイアウトを適用しま
す。❶［アイテムの左右の間隔］
は「Space/size-1_5」、フレーム
名は「buttons」としておきます。

5 ❷「buttons」を、タブレット用のバリアント内にドラッグして配置します。

6 この状態だと、ロゴが左、ボタンが中央、ハンバーガーメニューが右となってしまうので、もう1つオートレイアウト
を追加します。ボタンとハンバーガーメニューを選択し、この2つにオートレイアウトを適用します。オートレイアウ
トの設定の［アイテムの左右の間隔］を「Space/size-2」を設定し、フレームパネルの［水平方向のサイズ調整］を［コ
ンテンツを内包］に変更します。

7 ボタンの表示・非表示を切り替えられるよう、コンポーネントプロパティのブール値プロパティを設定しておきます。
2つのボタンを囲むフレーム、2つのボタンそれぞれに設定します。要素を選択し、右サイドバーのレイヤーパネル［⊶
（ブール値プロパティを作成）］アイコンをクリックします。名前は、2つのボタンを囲むフレームを「showButtons」、
ボタンを「showButton1」「showButton2」とします。

パソコン用の表示を作成する

1 コンポーネントセットを選択し、デスクトップ表示のために枠を下と右に広げておきます。タブレット端末用のバリアントをもとにデスクトップ表示用を作成したいので、タブレット端末用のバリアントをコピー&ペーストするとよいでしょう。

2 最下部のバリアントを調整します。要素を選択し、[現在のバリアント]パネルの値が「device3」となっている箇所を「desktop」とします。

3 W（幅）を「1280」とします。コンポーネントセットの枠に入り切らない場合、枠を広げましょう。

4 Chapter 3のLesson 10で作成したタブ、または[アセット]から[コンポーネント/tab]を開き、「tab」を複数個配置します。複数のタブにオートレイアウトを適用し、オートレイアウトのパディング、❶[アイテムの左右の間隔]は「0」としておきます。

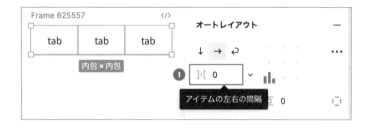

5 手順4の❷タブを、ボタンのすぐ左にドラッグ&ドロップで配置します。配置が中央になってしまった場合、間違ったオートレイアウトの中に入っています。その場合は、レイヤータブから適切なオートレイアウトの中に移動させましょう。

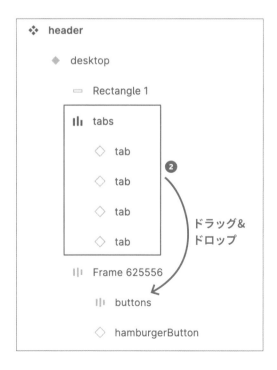

6 右端のハンバーガーメニューはデスクトップ表示では不要なので、ブール値プロパティを設定しておきます。要素を選択し、右サイドバーのレイヤーパネル [⊹（ブール値プロパティを作成）] アイコンをクリックし、名前を「showBurger」、値を「false」とします。値を「false」とすることにより初期状態を非表示にできます。

7 また、ブール値プロパティをタブを囲むフレームとタブに設定します。名前は、2つのボタンを囲むフレームを「showTabs」、タブを「tab1」「tab2」（作成した個数分設定）とします。

8 「tab」の下部のボーダーと、ヘッダー下部のボーダーとが2重に表示される点を修正します。

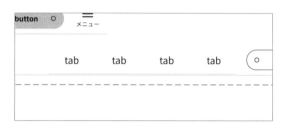

「tab」の下部のボーダーと、ヘッダーにあるボーダーとが2重に表示された状態です

9 大枠である「header」フレームのオートレイアウトの垂直パディングを「0」とします。また、タブ、タブ周囲のオートレイアウトのフレーム、複数のボタンと複数のタブを包むオートレイアウトのフレームのそれぞれの [垂直方向のサイズ調整] を [コンテナに合わせて拡大] に変更します。

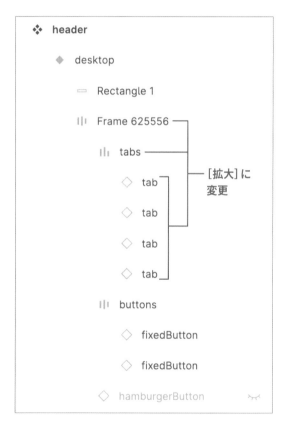

10 フォームの構成要素に [ネストされたインスタンス] を設定します。「header」コンポーネントセットを選択し、プロパティパネルの [+（コンポーネントプロパティを作成）] から [ネストされたインスタンス] をクリック、[プロパティの公開元] に、header内に配置されたインスタンスが表示されるので、それぞれにチェックを入れます。

完成 ヘッダーができました。

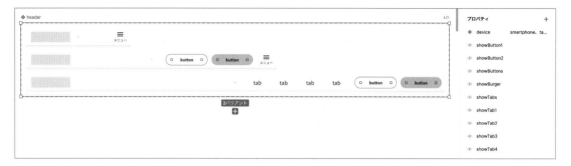

実例

　各画面の上部のナビゲーションとしてヘッダーを配置します。ロゴやタブなどは、実際に利用するロゴや文字列に差し替えます（図3-18）。

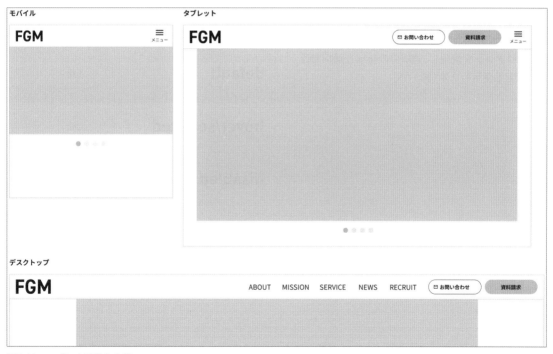

図3-18 ヘッダーを実装した例

タブ

並列な情報を複数画面に分けて表示する際に使用するコンポーネントであるタブの作成手順と実例を紹介します。

Keyword　#タブ

タブ

タブは、並列な情報を切り分けて表示することに使用します。例えば、音楽再生アプリでジャズやロックなどのジャンル別で表示する場合に使用します。似ているコンポーネントにセグメンテッドコントローラーがありますが、セグメンテッドコントローラーはリスト表示・カード表示の画面の切り替えなどに使用します。

完成形を確認する

画面を切り分ける条件を表記するテキスト、選択状態を示す下部のバーからなるコンポーネントです。バリアントを使用し、選択中の状態と選択できない状態も使用します（図3-19）。

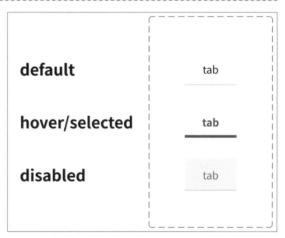

図3-19 タブ完成形

作成手順

Stockpile UIファイルの「作業ページ」へ移動し、Chapter 3のLesson 10の箇所で作業します。タブを作成、コンポーネント化とバリアントを作成、コンポーネントプロパティを適用、という手順で進めます。

タブを作成する

1 ツールバーからテキストを選択し、配置します。テキストに「tab」と入力します。

2 テキストパネルの「⁘（スタイルとバリアブル）」アイコンをクリックし、「Regular/regular-16」を適用し、テキストを［中央揃え］にします。塗りパネルの「⁘（スタイルとバリアブル）」アイコンをクリックし、「Text/primary」を適用します。

3 テキストにオートレイアウトを使用します。単体へのオートレイアウトの適用となるため、Shift＋Aキーでオートレイアウトを作成します。

4 オートレイアウトを設定します。❶［中央揃え］を適用し、❷［水平パディング］に「Space/size-1_5」を適用し、❸［垂直パディング］に「Space/size-1」を適用します。

5 塗りと線を設定します。塗りパネルの「⁘（スタイルとバリアブル）」アイコンをクリックし、「Background/primary」を適用します。

6 線パネルの④「⁘（スタイルとバリアブル）」アイコンをクリックし、「Border/primary」を適用します。❺［内側］にし、❻「1」を入力します。❼［各端の線］をクリックし、［下］を選択します。

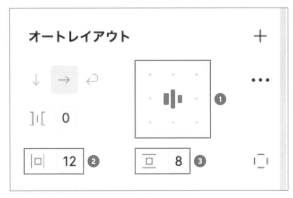

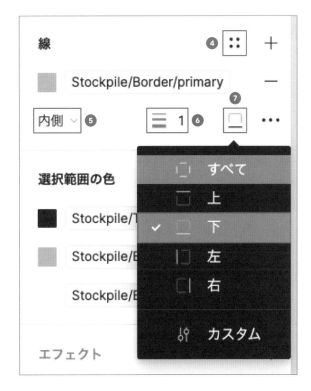

7 フレーム名を「tab」に変更します。

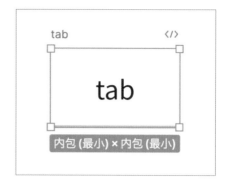

コンポーネント化とバリアントを作成する

1 「tab」フレームをコンポーネント化します。ツールバー中央の[バリアントの追加]、またはコンポーネントセット下部の[＋（バリアントの追加)]ボタンをクリックし、バリアントを合計3つにします。

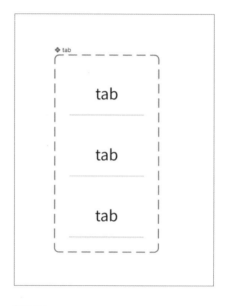

2 真ん中のバリアントの塗りと線、テキストを変更します。塗りパネルの「∷（スタイルとバリアブル)」アイコンをクリックし、「Background/hover」を適用します。線パネルの「∷（スタイルとバリアブル)」アイコンをクリックし、「Border/key-secondary」を適用し、線幅を「4」にします。テキストを選択し、テキストスタイルを「Bold/bold-16」にします。塗りパネルの「∷（スタイルとバリアブル)」アイコンをクリックし、「Text/key」を選択します。フレームパネルの[個別の角]を選択し、左上角の半径と右上角の半径に「Radius/radius-2」を選択します。

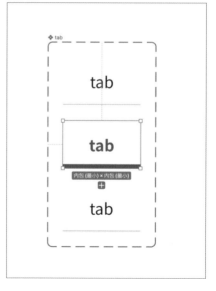

3 最下部のバリアントの塗りと線、テキストを変更します。塗りパネルの「::（スタイルとバリアブル）」アイコンをクリックし、「Background/disabled」を適用します。線パネルの「::（スタイルとバリアブル）」アイコンをクリックし、「Border/key-disabled」を適用します。テキストを選択し、塗りパネルの「::（スタイルとバリアブル）」アイコンをクリックし、「Text/disabled」を選択します。

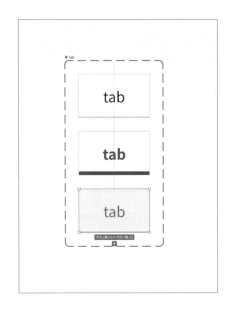

4 バリアントのプロパティ名を初期設定から変更します。コンポーネントセットを選択し、コンポーネントプロパティの ❶「↓↑（プロパティを編集）」アイコンをクリックします。

5 名前を「state」、値を上から「default」「selected」「disabled」とします。

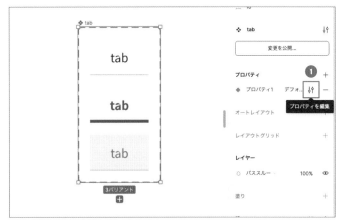

コンポーネントプロパティを適用する

1 「tab」と入力したテキストを3つ選択し、テキストパネルの ❶「⇥（テキストプロパティを作成）」アイコンをクリックします。

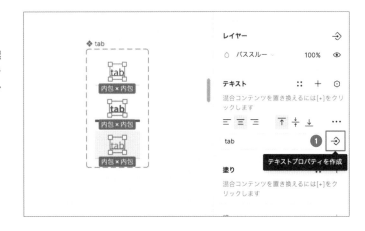

2 ❷名前を「text」、❸値はそのまま「tab」にします。❹［プロパティを作成］ボタンをクリックします。

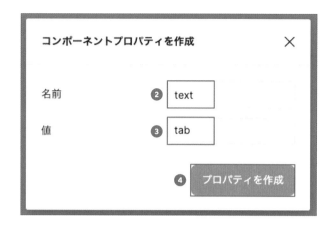

完成 タブができました。

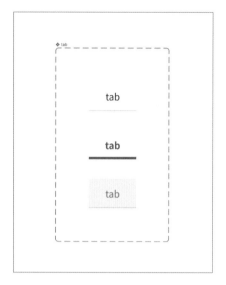

実例

　タブは、味や音楽のカテゴリなど並列の情報で切り分けるときに使用するとよいでしょう。実例では、味の種類別で画面を切り分けて表示することに使用しています（図3-20）。

図3-20 タブを実装した例

Chapter
3

Lesson
11

ナビゲーションバー

ユーザーが目的地へ最短でアクセスするためのコンポーネントであるナビゲーションバーの作成手順と実例を紹介します。

Keyword #ナビゲーションバー

ナビゲーションバー

ナビゲーションバーとは、画面下部のアイコンが表示される領域のことを指します。アイコンをクリック（タップ）すると、画面が切り替わります。画面上にユーザーに気づいてほしい情報がある場合、アイコンに赤い丸の通知バッジを表示します。個数を伝えたい場合は、通知バッジに数字を表示します。

完成形を確認する

Stockpile UIでは、アイコンと、アイコンの説明をするテキストからなるコンポーネントをナビゲーションと呼びます。ナビゲーションバーは、ナビゲーションが複数並んでいるものを指します。コンポーネントでは、ナビゲーションを作成します（図3-21）。

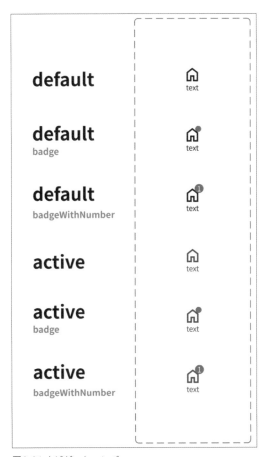

図3-21 ナビゲーションバー

作成手順

Stockpile UIファイルの「作業ページ」へ移動し、Chapter 3のLesson 11の箇所で作業します。ナビゲーションを作成、通知バッジを作成、数字入りの通知バッジを作成、コンポーネント化とバリアント作成、コンポーネントプロパティを適用、という手順で進めます。

ナビゲーションを作成する

1 ［アセット］から［ファウンデーション/アイコン］を開き、「icon_home_24」を配置します。

2 ツールバーからテキストを選択し、配置します。テキストには「text」と入力します。

3 テキストパネルの「⠿（スタイルとバリアブル）」アイコンをクリックし、「Other/other-10」を適用、テキストを［中央揃え］にします。塗りパネルの「⠿（スタイルとバリアブル）」アイコンをクリックし、「Text/primary」を適用します。

4 アイコンとテキストにオートレイアウトを適用します。❶［中央揃え］を適用し、❷［アイテムの上下の間隔］に「Space/size-0」を適用します。

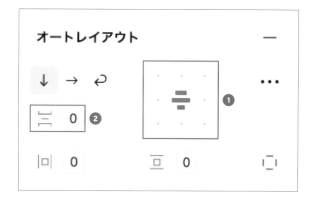

5 サイズを設定します。手順4で作成したフレームを選択します。フレームパネルのW（幅）から ❸ [最小幅を追加] をクリックし、[最小幅] に [Numbers/48] を適用します。同様に、H（幅）から ❹ [最小高さを追加] をクリックし、[最小高さ] に [Numbers/48] を適用します。

6 フレームの名称を「navigation」にします。

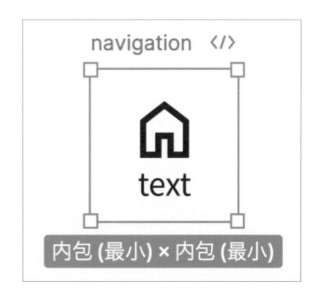

通知バッジを作成する

1 ツールバーから ❶ 楕円を選択し、円を作成します。

2 円のサイズを設定します。❷ W（幅）の入力欄右端の「◎（バリアブル）」アイコンをクリックし、バリアブルの「Numbers/8」を適用します。同様に、❸ H（高さ）の入力欄右端の「◎（バリアブル）」アイコンをクリックし、バリアブルの「Numbers/8」を適用します。

3 カラーを設定します。塗りパネルの「⋮⋮（スタイルとバリアブル）◎（バリアブル）」アイコンをクリックして「Background/attention」を適用します。

4 レイヤー名を「badge」に変更します。

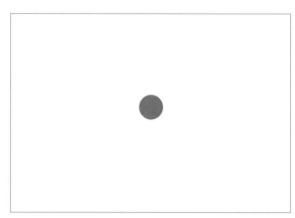

数字入りの通知バッジを作成する

1 ツールバーからテキストを選択し、配置します。テキストには「1」と入力します。

2 テキストパネルの「⋮⋮（スタイルとバリアブル）」アイコンをクリックし、「Other/other-10」を適用、テキストを［左揃え］にします。塗りパネルの「⋮⋮（スタイルとバリアブル）」アイコンをクリックし、「Text/alert」を適用します。

3 作成したテキストに、オートレイアウトを作成します。単体へのオートレイアウトの適用となるため、 Shift + A キーでオートレイアウトを作成します。

上の図で、白いテキストが見やすいように背景の色を変更しています

4 サイズを設定します。フレームパネルのW（幅）から［最小幅を追加］をクリックします。❶［最小幅］に「Numbers/12」を適用します。❷H（高さ）に「Numbers/12」を適用し、❸角の半径に「Radius/radius-2」を適用します。

5 塗りを設定します。塗りパネルの「⋮⋮ （スタイルとバリアブル）」アイコンをクリックして「Background/attention」を適用します。

6 フレーム名を「badgeWithNumber」に変更します。

コンポーネント化とバリアントを作成する

1 「navigation」フレームをコンポーネント化します。ツールバー中央の［バリアントの追加］を2回クリックし、バリアントを合計3つにします。

2 通知バッジが表示されている状態を作成します。中央のバリアントのフレーム内に「badge」をドラッグ&ドロップします。現時点では、適当な位置でかまいません。

3 「badge」を選択し、フレームパネルの ❶［絶対位置］をクリックします。

4 「badge」を「icon_home_24」アイコンのフレームの右上に移動します。アイコンのフレームの右上角と、円の中心が重なるように配置します。

5 同様に、数字入りの通知バッジが表示されている状態を作成します。最下部のバリアントを選択し、「badgeWithNumber」をドラッグ＆ドロップします。

6 「badgeWithNumber」を選択し、手順3と同じようにフレームパネルの［絶対位置］をクリックします。

円の中心と
右上角が
重なるよう
に配置

7 「badgeWithNumber」を「icon_home_24」アイコンのフレームの右上に移動します。アイコンのフレームの右上角から、通知バッジの最上部と右端が「3」ずつはみ出るように配置します。

8 バリアントのプロパティ名を初期設定から変更します。コンポーネントセットを選択し、コンポーネントプロパティの❷「↓↑（プロパティを編集）」アイコンをクリックします。

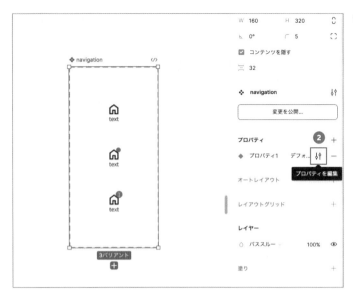

9 ❸ 名前を「notification」、❹ 値を上から「off」「badge」「number」とします。

10 3つのバリアントを複製します。

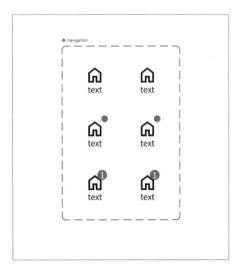

11 複製したバリアントのカラーを設定します。3つのバリアントの縁を選択し、塗りパネルから「Background/hover」を設定します。3つのバリアントの「icon_home_24」を選択し、塗りパネルから「Icon/key」を設定します。最後に、テキストを選択し、塗りパネルから「Text/key」を設定します。

12 コンポーネントセットを選択し、プロパティパネルの ❺「+」アイコンをクリックして［バリアント］を選択します。

13 ❻ 名前を「state」にし、❼ 値を「default」とします。❽［プロパティを作成］ボタンをクリックします。

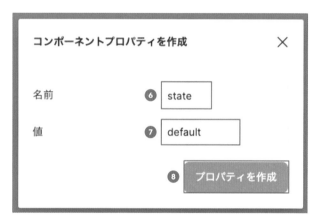

14 手順7で色を変更した3つのバリアントをまとめて選択し、現在のバリアントパネルの ❾「default」のプルダウンをクリックします。［新規追加］を選択し、「active」と入力します。

コンポーネントプロパティを適用する

1 「text」と入力したテキストを6つ選択し、テキストパネルの❶「→ (テキストプロパティを作成)」アイコンをクリックします。

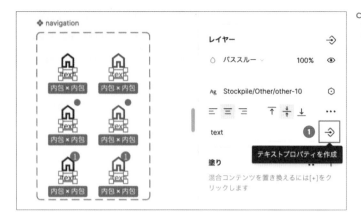

2 ❷名前を「text」、❸値はそのまま「text」にします。❹ [プロパティを作成] ボタンをクリックします。

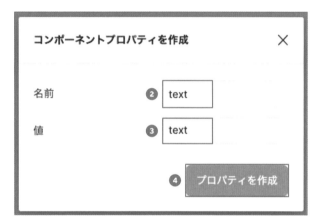

3 「1」と入力したテキストを2つ選択し、テキストパネルの❺「→ (テキストプロパティを作成)」アイコンをクリックします。

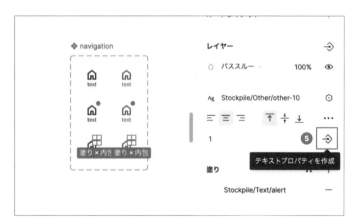

4 ⑥名前を「budgeNumber」、⑦値はそのまま「1」にします。⑧［プロパティを作成］ボタンをクリックします。

完成 ナビゲーションバーができました。

実例

　ナビゲーションバーは、ユーザーが目的地に最短でアクセスできるような項目にするとよいでしょう。実例では、架空のアプリのナビゲーションバーとして使用しています（図3-22）。

図3-22 ナビゲーションバーを実装した例

パンくずリスト

閲覧中の画面がアプリ全体のどの位置にあるかをリンクの列で表すコンポーネントであるパンくずリストの作成手順と実例を紹介します。

Keyword #パンくずリスト

パンくずリスト

パンくずリストとは、閲覧中の画面がアプリ全体のどの位置にあるかを、画面の上部か下部にリンクの列として表したコンポーネントのことです。パンくずリストがあることで、前の画面や、今までたどった画面にすぐに移動できます。

完成形を確認する

ホーム画面を示すアイコンと、ページ名称を示すテキスト、その先にページがある場合に入れる矢印のアイコンの3つからなるコンポーネントです（図3-23）。

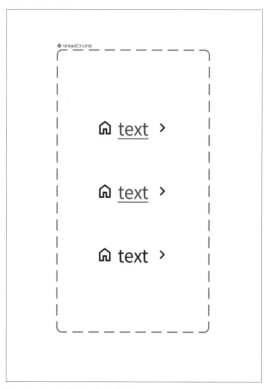

図3-23 パンくずリスト完成形

作成手順

Stockpile UIファイルの「作業ページ」へ移動し、Chapter 3のLesson 12の箇所で作業します。パンくずリストを作成、コンポーネント化とバリアント作成、コンポーネントプロパティを適用、という手順で進めます。

パンくずリストを作成する

1 [アセット] から [ファウンデーション/アイコン] を開き、「16 x 16」サイズの「icon_home_16」と「icon_arrow_right_16」を配置します。

2 ツールバーからテキストを選択し、配置します。テキストには「text」と入力します。

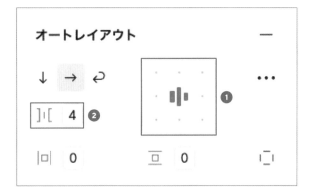

3 テキストパネルの「∷ (スタイルとバリアブル)」アイコンをクリックし、「Regular/regular-16」を適用、テキストを [左揃え] にします。塗りパネルの「∷ (スタイルとバリアブル)」アイコンをクリックし、「Text/primary」を適用します。

4 アイコンの「icon_home_16」「icon_arrow_right_16」と、テキストにオートレイアウトを適用します。❶ [中央揃え] にし、❷ [アイテムの左右の間隔] に「Space/size-0_5」を適用します。

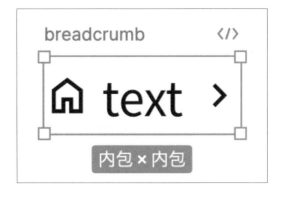

5 フレームの名前を「breadcrumbs」にします。

コンポーネント化とバリアントを作成する

1 作成した「breadcrumbs」フレームをコンポーネント化します。ツールバー中央の［バリアントの追加］、またはコンポーネントセット下部の［＋（バリアントの追加）］ボタンをクリックし、バリアントを合計3つにします。

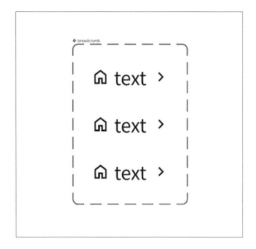

2 上から2つのバリアントのテキストを一緒に選択します。テキストパネルの「⋮⋮（スタイルとバリアブル）」アイコンをクリックし、「Other/link-16」を適用します。塗りパネルの「⋮⋮（スタイルとバリアブル）」アイコンを入れてください）」アイコンをクリックし、「Text/key」を適用します。

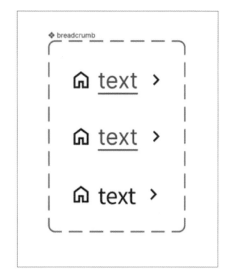

3 縦3つのうち真ん中のバリアントのテキストを選択し、オートレイアウトを適用します。単体へのオートレイアウトの適用となるため、Shift＋Aキーでオートレイアウトを作成します。フレームパネルの［角の半径］の入力欄で右端の「◌（バリアブル）」アイコンをクリックし、バリアブルの「Radius/radius-0_5」を適用します。塗りパネルの「⋮⋮（スタイルとバリアブル）」アイコンをクリックし、「Background/hover」を適用します。

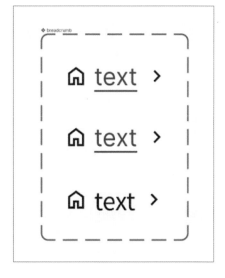

4 バリアントのプロパティ名を初期設定から変更します。コンポーネントセットを選択し、コンポーネントプロパティのの **①**「↓↑（プロパティを編集）」アイコンをクリックします。

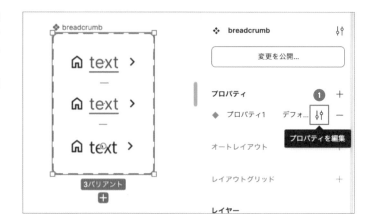

5 **②** 名前を「state」、**③** 値を上から「default」「hover」「current」とします。

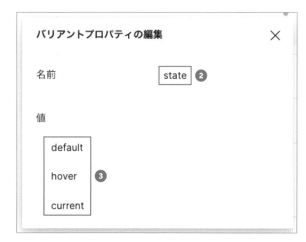

コンポーネントプロパティを適用する

1 「text」と入力したテキストを3つすべて選択し、テキストパネルの **①**「⇨（テキストプロパティを追加）」アイコンをクリックします。

2 名前を「text」、値はそのまま「text」にします。[プロパティを作成] ボタンをクリックします。

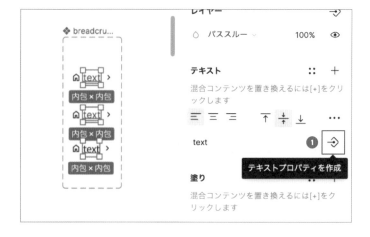

3 「icon_home_16」のアイコンを3つすべて選択し、レイヤーパネルの❷「→（ブール値プロパティを作成）」アイコンをクリックします。

4 名前を「showHomeIcon」にします。［プロパティを作成］ボタンをクリックします。

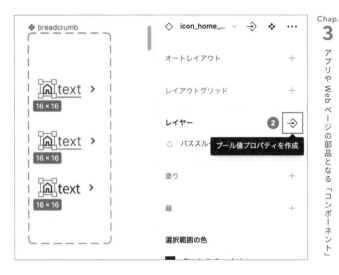

5 「icon_arrow_right_16」のアイコンを3つすべて選択し、レイヤーパネルの❸「→（ブール値プロパティを適用）」アイコンをクリックして［プロパティを作成］をクリックします。

6 名前を「showRightIcon」にします。［プロパティを作成］ボタンをクリックします。

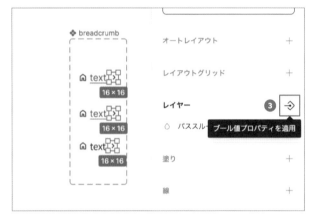

完成 パンくずリストができました。

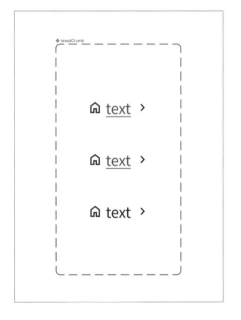

実例

パンくずリストは、画面上部や下部に配置します。実例として、ヘッダーの下に使用しています。閲覧中の画面の階層が深くなると、パンくずリストも長くなります。1行に収まりきらない場合は折り返すとよいでしょう（図3-24）。

図3-24 パンくずリストを実装した例

アコーディオン

クリック（タップ）することで開閉するコンポーネントであるアコーディオンの作成手順と実例を紹介します。

Keyword #アコーディオン

アコーディオン

アコーディオンとは、クリック（タップ）することで開閉し、コンテンツを表示したり隠したりできるコンポーネントのことです。

完成形を確認する

開いた状態と、閉じた状態からなるコンポーネントです（図3-25）。開閉はコンポーネントプロパティで設定できるようにします。バリアントを使用し、マウスオーバー時の状態も作成します。

図3-25 アコーディオン完成形

作成手順

　Stockpile UIファイルの「作業ページ」へ移動し、Chapter 3のLesson 13の箇所で作業します。アコーディオンの上部を作成、アコーディオンの下部を作成、コンポーネント化とバリアント作成、コンポーネントプロパティを適用、という手順で進めます。

▌アコーディオンの上部を作成する

1 ツールバーからテキストを選択し、配置します。テキストに「accordion」と入力します。

2 テキストパネルの「⠿（スタイルとバリアブル）」アイコンをクリックし、「Regular/regular-16」を適用し、テキストを［左揃え］にします。塗りパネルの「⠿（スタイルとバリアブル）」アイコンをクリックし、「Text/primary」を適用します。

3 ［アセット］から［ファウンデーション/アイコン］を開き、「icon_arrow_up_24」を配置します。

4 テキストと「icon_arrow_up_24」にオートレイアウトを使用します。

5 サイズを設定します。❶W（幅）にバリアブルの「Numbers/256」を適用、H（高さ）から❷［最小高さを追加］をクリックし、［最小高さ］にバリアブルの「Numbers/48」を適用します。

6 オートレイアウトを設定します。❸ 間隔を [自動]、❹ 揃えを [中央揃え] にし、❺ [水平パディング] [垂直パティング] に「Space/size-1_5」を適用します。

7 「accordion」と入力したテキストを選択し、[水平方向のサイズ調整] を [拡大] にします。

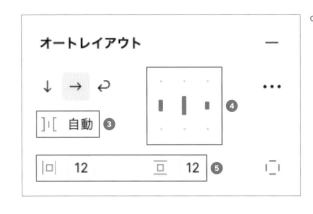

8 塗りと線を設定します。塗りパネルの「∷ (スタイルとバリアブル)」アイコンをクリックし、「Background/primary」を適用します。線パネルの「∷ (スタイルとバリアブル)」アイコンをクリックし、「Border/primary」を適用します。❻ [中央] にし、❼「1」を入力します。

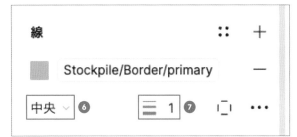

9 フレーム名を「accordionTop」に変更します。

アコーディオンの下部を作成する

1 ツールバーからテキストを選択し、配置します。テキストに「texttext」と入力します。

2 テキストパネルの「∷ (スタイルとバリアブル)」アイコンをクリックし、「Regular/regular-14」を適用します。テキストを [左揃え] にします。塗りパネルの「∷ (スタイルとバリアブル)」アイコンをクリックし、「Text/primary」を適用します。

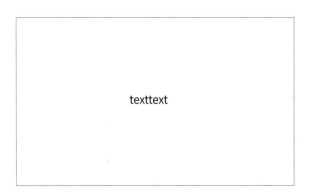

3 テキストにオートレイアウトを使用します。単体へのオートレイアウトの適用となるため、Shift + A キーでオートレイアウトを作成します。

4 サイズを設定します。❶ W（幅）にバリアブルの「Numbers/256」を適用、❷［垂直方向のサイズ調整］に「内包」を適用します。

5 オートレイアウトを設定します。❸［上揃え（左）］にし、❹［水平パディング］［垂直パディング］に「Space/size-1_5」を適用します。

6 「texttext」と入力したテキストを選択し、［水平方向のサイズ調整］を［拡大］にします。

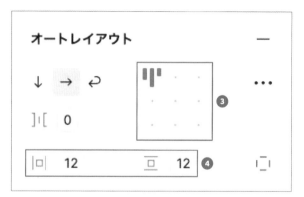

7 塗りと線を設定します。塗りパネルの「 ∷（スタイルとバリアブル）」アイコンをクリックし、「Background/primary」を適用します。線パネルの「 ∷（スタイルとバリアブル）」アイコンをクリックし、「Border/primary」を適用します。❺［中央］にし、❻「1」を入力します。

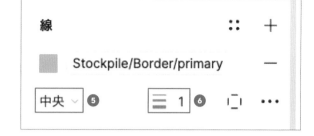

8 フレーム名を「accordionButtom」に変更します。

コンポーネント化とバリアントを作成する

1 アコーディオンの上部と下部を選択し、ぴった
り重なるようにオートレイアウトを使用しま
す。フレーム名を「accordion」に変更します。

2 「accordion」フレームをコンポーネント化しま
す。ツールバー中央の [バリアントの追加] をク
リックし、バリアントを合計2つにします。

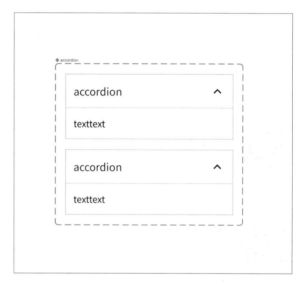

3 下部のバリアントの「accordionTop」を選択し、
塗りパネルの「⋮⋮ (スタイルとバリアブル)」ア
イコンをクリックして「Background/hover」
を適用します。

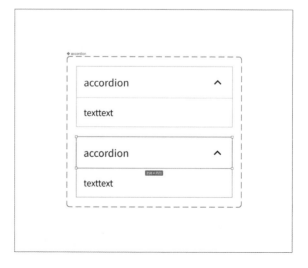

4 バリアントのプロパティ名を初期
設定から変更します。コンポーネン
トセットを選択し、コンポーネント
プロパティの❶「⇨（プロパティを
編集）」アイコンをクリックします。

5 ❷名前を「state」、❸値の上を
「default」、下を「hover」とします。

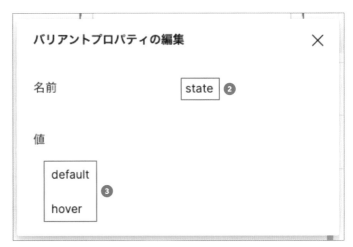

コンポーネントプロパティを
適用する

1 「accordion」と入力したテキスト
を2つ選択し、テキストパネルの❶
「⇨（テキストプロパティを作成）」
アイコンをクリックします。

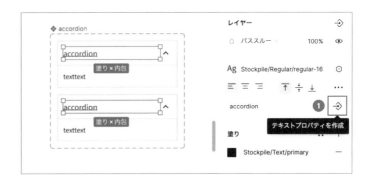

2 ❷ 名前を「accordionText」、❸ 値はそのまま「accordion」にします。❹ [プロパティを作成] ボタンをクリックします。

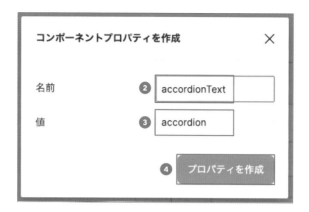

3 「texttext」と入力したテキストを2つ選択し、テキストパネルの ❺「⇨（テキストプロパティを適用）」アイコンをクリックして [プロパティを作成] をクリックします。

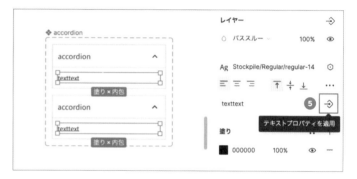

4 ❻ 名前を「text」、❼ 値はそのまま「texttext」にします。❽ [プロパティを作成] ボタンをクリックします。

5 「icon_arrow_up_24」のアイコンを2つすべて選択し、親コンポーネントパネルの ❾「⇨（インスタンスの入れ替えプロパティを作成）」アイコンをクリックします。

6 ❿ 名前を「iconSwap」にします。
⓫ [優先する値] に「icon_arrow_
down_24」を追加し、⓬ [プロパ
ティを作成] ボタンをクリックしま
す。

コンポーネントプロパティを作成   ✕

名前   ❿ iconSwap

値   ◇ icon_arrow_up... ⌄

優先する値 詳細情報   品 ＋

∧   icon_arrow_up_24

∨   icon_arrow_down_24 ⓫

⓬ プロパティを作成

7 「accordionButtom」を2つすべて
選択し、レイヤーパネルの ⓭「⟡
(ブール値プロパティを作成)」アイ
コンをクリックします。

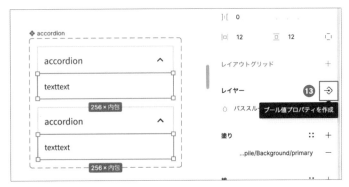

8 ⓮ 名前を「showAccordionButtom」
にします。⓯ [プロパティを作成]
ボタンをクリックします。

コンポーネントプロパティを作成   ✕

名前   ⓮ showAccordionButtom

値   True ⌄

⓯ プロパティを作成

194

完成 アコーディオンができました。

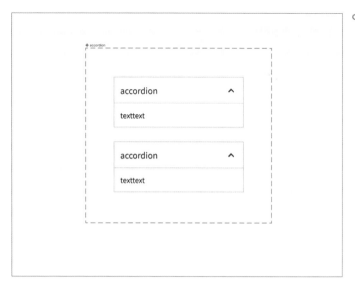

実例

　アコーディオンは、「FAQ」や「よくある質問」のように質問の一覧性を保たせつつ、文字量の多い回答を表示したい場合に使用します。実例では旅行サイトの「よくある質問」として、ユーザーからの問い合わせが多い質問と回答を並べたものに使用しています（図3-25）。

図3-25 アコーディオンを実装した例

リスト

行の表現に使用するコンポーネントであるリストの作成手順と実例を紹介します。

　#リスト

リスト

リストは、行の表現に使用するコンポーネントです。用途は幅広く、チェックボックスを含むものや、開閉可能なものもあります。

完成形を確認する

左右にアイコンを表示するエリアを用意し、これらはコンポーネントプロパティで表示・非表示を切り替えられるようにします。また、インスタンスの差し替えでアイコンの入れ替えもできるようにします。バリアントを使用し、選択中の状態・マウスオーバー状態を用意します。図には表示されていませんが、複数のリストを並べた際に表示する見出しの列も作成します（図3-26）。

図3-26 リスト完成形

作成手順

Stockpile UIファイルの「作業ページ」へ移動し、Chapter 3のLesson 14の箇所で作業します。リストを作成、見出しを作成、コンポーネント化、supportTextとheadingを非表示、バリアントを作成、コンポーネントプロパティを適用、という手順で進めます。

リストを作成

リストを作成する

1 ツールバーからテキストを選択し、2つ配置します。1つ目のテキストに「list」と入力し、2つ目のテキストに「supportText」と入力します。

list
supportText

2 テキストパネルの「⁘ (スタイルとバリアブル)」アイコンをクリックし、「list」と入力したテキストに「Regular/ regular-16」を適用し、「supportText」と入力したテキストに「Regular/regular-12」を適用します。2つともテキストを[左揃え]にし、塗りパネルの「⁘ (スタイルとバリアブル)」アイコンをクリックし、「Text/primary」を適用します。

3 2つのテキストにオートレイアウトを適用します。❶[縦に並べる]にし、❷[左揃え]にし、フレーム名を「texts」とします。

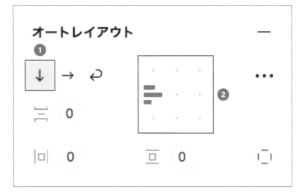

4 [アセット]から[ファウンデーション/アイコン]を開き、「icon_checkbox_24」と「icon_arrow_down_24」を配置します。

5 「icon_checkbox_24」アイコンのバリアントでstateが「OFF」のものと手順3で作成した「texts」を選択し、オートレイアウトを作成します。❸[左揃え (中央)]を適用し、❹[アイテムの左右の間隔]に「Space/size-0_5」を適用します。

6 手順5の要素と、「icon_arrow_down_24」にオートレイアウトを使用します。5.で作成したオートレイアウトと、「list」と入力したテキストそれぞれの[水平方向のサイズ調整]を[拡大]にします。

7 サイズを設定します。❺ W（幅）にバリアブル
の「Numbers/256」を適用、H（高さ）に ❻［最
小高さを追加］をクリックし、［最小高さ］にバリ
アブルの「Numbers/48」を適用します。

8 オートレイアウトを設定します。❼ 間隔を［自
動］、❽ 揃えを［中央揃え］にし、❾［水平パディ
ング］［垂直パディング］に「Space/size-1_5」
を適用します。

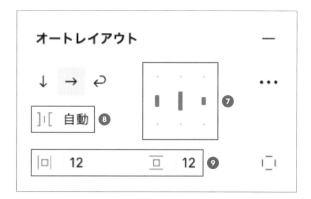

9 塗りと線を設定します。塗りパネルの「∷（ス
タイルとバリアブル）」アイコンをクリックし、
「Background/primary」を適用します。線パ
ネルの「∷（スタイルとバリアブル）」アイコン
アイコンをクリックし、「Border/primary」を
適用します。❿［中央］にし、⓫「1」を入力しま
す。

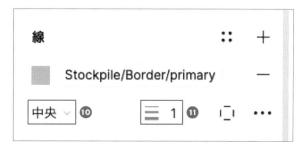

10 フレーム名を「contents」に変更します。

見出しを作成

見出しを作成する

1 ツールバーからテキストを選択し、配置します。テキストに「menu」と入力します。

2 テキストパネルの「⁞⁞ (スタイルとバリアブル)」アイコンをクリックし、「Regular/bold-14」を適用します。テキストを [左揃え] にします。塗りパネルの「⁞⁞ (スタイルとバリアブル)」アイコンをクリックし、「Text/primary」を適用します。

3 テキストにオートレイアウトを使用します。単体へのオートレイアウトの適用となるため、 Shift + A キーでオートレイアウトを作成します。

4 サイズを設定します。❶ W (幅) にバリアブルの「Numbers/256」を適用、❷ [垂直方向のサイズ調整] に「内包」を適用します。

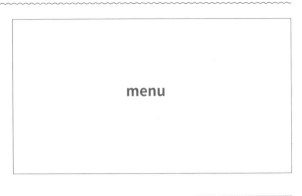

5 オートレイアウトを設定します。❸ [上揃え (左)] にし、❹ [左パディング] [右パディング] に「Space/size-1_5」を適用します。❺ [上パディング] に「Space/size-3」を適用し、❻ [下パディング] に「Space/size-0_5」を適用します。

6 「menu」と入力したテキストを選択し、[水平方向のサイズ調整] を [拡大] にします。

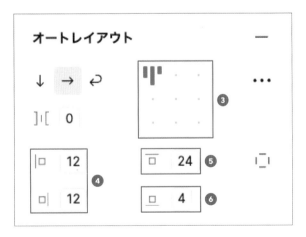

7 線の塗りを設定します。線パネルの「∷（スタイルとバリアブル）」アイコンをクリックし、「Border/primary」を適用します。**7**［中央］にし、**8**「1」を入力します。

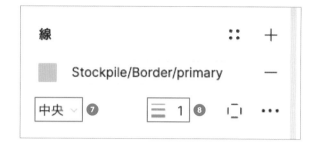

8 フレーム名を「heading」に変更します。

コンポーネント化

コンポーネント化する

1 アコーディオンの上部「heading」と下部「contents」を選択し、オートレイアウトを作成、［上下の間隔］を「0」とします。フレーム名を「list」に変更します。

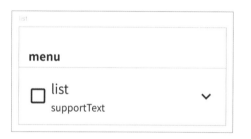

2 「list」フレームをコンポーネント化します。ツールバー中央の［バリアントの追加］をクリック→コンポーネントセット下部の［＋（バリアントの追加）］をクリックし、バリアントを合計3つにします。

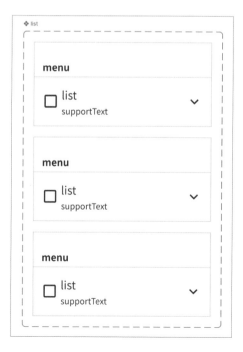

supportTextとheadingを非表示にする

1 「supportText」と入力したテキストを3つすべて選択し、テキストパネルの❶［(テキストプロパティを作成)］アイコンをクリックします。

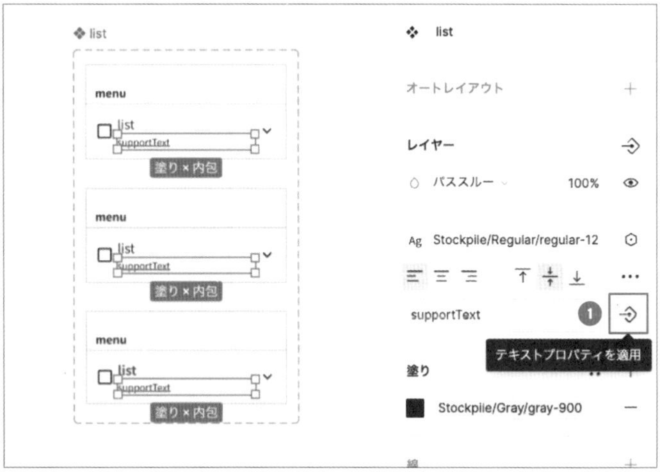

2 ❷名前を「supportText」、❸値はそのまま「supportText」にします。❹［プロパティを作成］ボタンをクリックします。

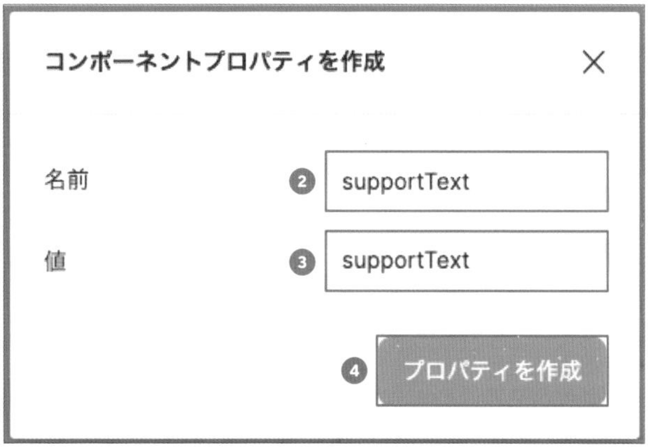

3 「supportText」と入力したテキストを3つすべて選択したまま、レイヤーパネルの❺「(ブール値プロパティを作成)」アイコンをクリックします。

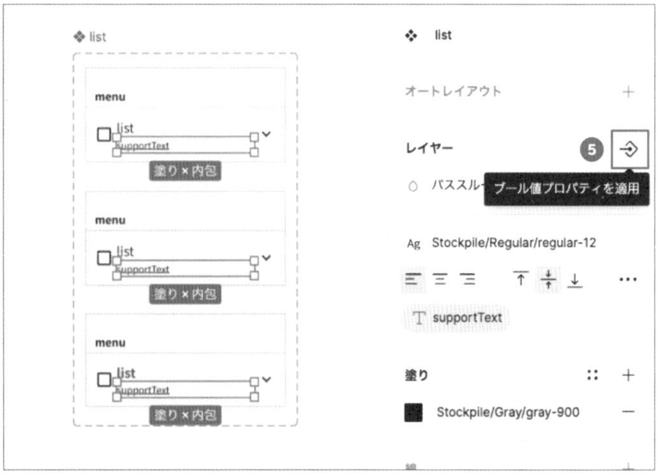

4 ⑥名前を「showSupportText」にし、⑦値を［False］にします。⑧［プロパティを作成］ボタンをクリックします。

5 「heading」を3つすべて選択し、手順1と同様に、レイヤーパネルの「→（ブール値プロパティを作成）」アイコンをクリックします。

6 名前を「showHeading」にし、値を［False］にします。［プロパティを作成］ボタンをクリックします。

バリアントを作成する

1 下から2つのバリアントの「contents」を選択し、塗りパネルの「∷（スタイルとバリアブル）」アイコンをクリックして「Background/hover」を適用します。

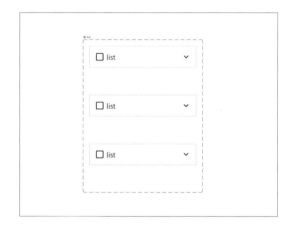

2 最下部のバリアントの「list」と入力したテキストを選択し、テキストパネルの「∷（スタイルとバリアブル）」アイコンをクリックして「Regular/bold-16」を適用します。塗りパネルの「∷（スタイルとバリアブル）」アイコンをクリックし、「Text/key」を適用します。

3 バリアントのプロパティ名を初期設定から変更します。コンポーネントセットを選択し、コンポーネントプロパティの ❶「⁑（プロパティを編集）」アイコンをクリックします。

4 名前を「state」、値を上から「default」「hover」「select」とします。

コンポーネントプロパティを適用する

1 「list」と入力したテキストを3つ選択し、テキストパネルの ❶「⇨（テキストプロパティを作成）」アイコンをクリックします。

2 名前を「listText」、値はそのまま「list」にします。[プロパティを作成]ボタンをクリックします。

3 手順 2 と同様に、heading の「menu」と入力したテキスト3つを選択し、テキストプロパティを作成します。名前を「headingText」、値はそのまま「menu」にします。

4 「icon_arrow_down_24」のアイコンを3つすべて選択し、レイヤーパネルの ❷「⇨（ブール値プロパティを適用）」アイコンをクリックして[プロパティを作成]をクリックします。

5 名前を「showRightIcon」にします。[プロパティを作成]ボタンをクリックします。

6 「icon_arrow_down_24」のアイコンを3つすべて選択し、親コンポーネントパネルの ❸「⇨（インスタンスの入れ替えプロパティを作成）」アイコンをクリックします。

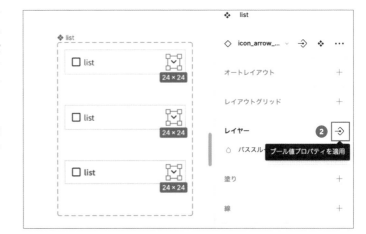

7 ④ 名前を「rightIconSwap」にし、⑤ [優先する値] に「icon_arrow_left_24」「icon_arrow_right_24」「icon_arrow_up_24」を追加し、⑥ [プロパティを作成] ボタンをクリックします。

8 「icon_checkbox_24」を3つすべて選択し、レイヤーパネルの ⑦ 「⇨」（ブール値プロパティを適用）」アイコンをクリックして [プロパティを作成] をクリックします。

9 名前を「showLeftIcon」にします。[プロパティを作成] ボタンをクリックします。

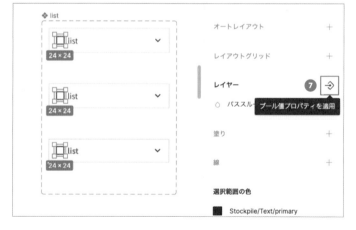

10 プロパティパネルの ❽ 「＋」アイコンをクリックして ❾ ［ネストされたインスタンス］をクリックします。［プロパティの公開元］の「icon_checkbox」にチェックを入れます。

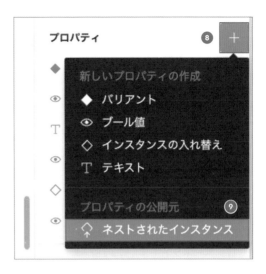

完成 リストができました。

実例

　リストの用途は幅広くあります。例えば、メニューの項目や、アップロードしたファイル一覧の項目に使用します。実例では、設定画面の一覧にある項目として使用しています（図3-27）。

設定

通知	＞
表示設定	＞
アカウントの切り替え	＞
サインアウト	＞

図3-27 リストを実装した例

カード

商品ページの各商品の情報をまとめるような場合に利用する、カード型に情報をまとめたUIの
カードコンポーネントを作成します。

Keyword #カード

カード

　カードは、その名の通りカード型に情報をまとめたUIで、商品ページの各商品の情報をまとめるような場合
に利用するコンポーネントです（図3-28）。単体で使うというより、複数のカードを並べて使うことが多く、ス
マートフォンでは1列または2列で複数行、デスクトップやタブレット端末では複数列で1行〜複数行のカー
ドを配置します。

完成形を確認する

　各端末で同様の表示となります。バリアントは
ありません。

　ボタンはChapter 3のLesson 1で作成します。
ボタンを自作しない場合、Stockpile UIのコン
ポーネントを利用しましょう。

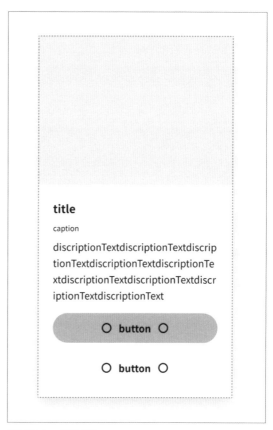

図3-28 カード完成形

作成手順

Stockpile UIファイルの「作業ページ」へ移動し、Chapter 3のLesson 15の箇所で作業します。テキスト部分を作成、コンテンツを作成、カード全体を作成、コンポーネント化とコンポーネントプロパティを設定という手順で進めます。

テキスト部分を作成する

1 タイトル部分を作成します。「Title」と入力し、テキストスタイルの「Bold/bold-18」を設定し、塗りを「Text/primary」とします。

2 キャプション部分を作成します。「caption」と入力し、テキストスタイルの「Regular/regular-12」を設定し、塗りを「Text/primary」とします。

3 本文部分を作成します。ダミーテキストとして60文字ほど文章を入力し、テキストスタイルの「Regular/regular-16」を設定し、塗りを「Text/primary」とします。テキストの幅は「300」前後にしておきます。

4 3つのテキストにオートレイアウトを適用し、フレーム名を「text」とします。アイテムの上下の間隔を「Space/size-1」とします。手順1～手順3で作成したテキストは、[水平方向のサイズ調整]を[コンテナに合わせて拡大]とします。

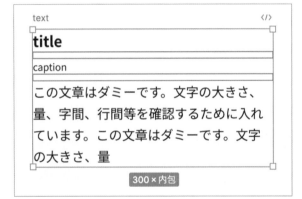

text </>

title

caption

この文章はダミーです。文字の大きさ、量、字間、行間等を確認するために入れています。この文章はダミーです。文字の大きさ、量

`300×内包`

[水平方向のサイズ調整]を[コンテナに合わせて拡大]にする理由として、カードの幅を変更した際にテキストの幅も一緒に変わるようにするためです！

コンテンツを作成する

1 Chapter 3のLesson 1で作成したボタン、または[アセット]→[コンポーネント/button]→「fixedButton」を、「text」フレームの下に2つ配置します。ボタンのバリアントは「size」を「medium」とします。

2 ボタン2つと、「text」フレームを選択、フレームの塗りを「Background/primary」、オートレイアウトを適用します。適用したオートレイアウトは[垂直方向のサイズ調整]を[コンテナに合わせて拡大]とし、フレーム名を「contents」とします。

3 オートレイアウトの設定の揃えは ❶ [中央揃え]、❷ [アイテムの上下の間隔] は「Space/size-2」、❸ [水平パディング][垂直パディング] をどちらも「Space/size-3」とします。

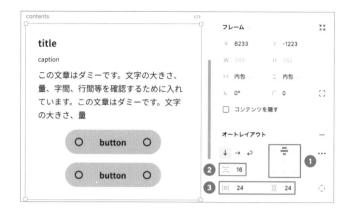

カード全体を作成する

1 「contents」の上に、長方形を配置します。サイズはW（幅）を「320」、H（高さ）を「240」とします。

2 長方形と「contents」を選択し、オートレイアウトを適用、フレーム名は「card」、水平方向のサイズ調整は [固定] とします。また、影を設定するため、「card」にエフェクトパネルからスタイルの「Shadow/shadow-down5」を適用します。

3 オートレイアウトの設定として、❶ [アイテムの上下の間隔] は「0」、長方形と「contents」のどちらも、[水平方向のサイズ調整] を [コンテナに合わせて拡大] にします。

コンポーネント化とコンポーネントプロパティを設定する

1 「card」をコンポーネント化します。

2 画像部分、3つのテキストのうち「Title」と「caption」、2つのボタンの表示・非表示を切り替えられるようにするため、ブール値を設定します。それぞれの要素を選択し、右サイドバーのレイヤーパネル [⇥ (ブール値プロパティを作成)] アイコンをクリックします。名前は、画像部分を「showImage」、タイトルを「showTitle」、キャプションを「showCaption」、ボタンを「showButton1」「showButton2」とします。

3 3つのテキストにコンポーネントプロパティのテキストプロパティを設定します。テキストを選択し、テキストパネルの [⇥ (テキストプロパティを作成)] アイコンをクリックし、[プロパティを作成] をクリックします。名前は、「titleText」「captionText」「descriptionText」とします。

4 プロパティパネルの「+」アイコン→[ネストされたインスタンス] をクリックします。[プロパティの公開元] の「fixedButton」にチェックを入れます。

完成 カードができました。

ボタンの幅をカード幅いっぱいにしたい場合、ボタンの [水平方向のサイズ調整] を [コンテナに合わせて拡大] としましょう

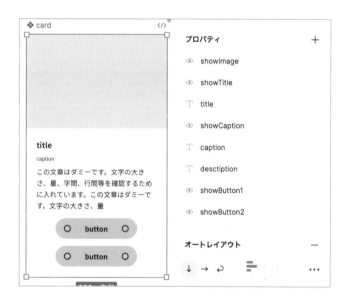

　商品ページなど、複数の商品を1画面で見せたいときにカード型UIを利用します。表示・非表示を切り替えることで、画像なしやボタンなしのカードも用意できます。画像部分は、塗りに画像を挿入することで反映させられます（図3-29）。

モバイル

ニュース一覧

本社所在地移転のお知らせ
本社所在地が下記の移転となりました。〒100-0014 東京都千代田区永田町1丁目7-…

パートナーシップ契約締結のお知らせ
本社所在地が下記の移転となりました。〒100-0014 東京都千代田区永田町1丁目7-…

eコマースプラットフォームEPMの新機能をリリースいたしました。
EPMに新しい決済オプションとユーザーインターフェースの改善を追加しました。

実績紹介：C社
新規実績1件追加しました。

デスクトップ

Gitって何？できることや特徴まとめ
Git

Git（ギット）は、プログラムのソースコードなどの変更履歴を記録・追…

Photoshop色調補正で曇り空を晴れた空にしよう
Photoshop

曇り空の写真を晴れた空にするテクニックを紹介します。1.トーンカー…

目玉機能は何!? Adobe Illustratorアップデート！
Illustrator

先日、Adobe Illustrator 2024がリリースされました。新たに搭載され…

図3-29 カードを実装した例

Chapter 3 Lesson 16

テーブル

表形式で情報を表示する際に使用するコンポーネントであるテーブルの作成手順と実例を紹介します。

Keyword #テーブル

テーブル

テーブルは、表のことを指します。コンポーネントではセルまでを作成し、表にする際の材料として使用します。

完成形を確認する

テーブルの見出しと、データが表示されるセルを別のコンポーネントとして作成します。それぞれ「左揃え」「中央揃え」「右揃え」のものを用意します（図3-30）。

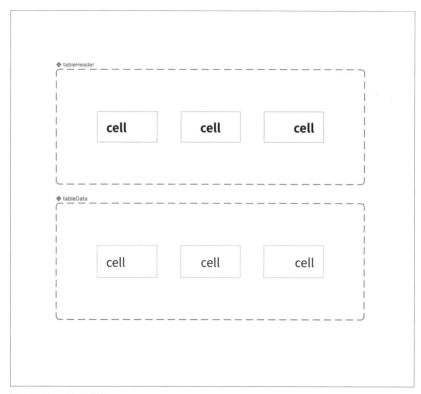

図3-30 テーブル完成形

作成手順

　Stockpile UIファイルの「作業ページ」へ移動し、Chapter 3のLesson 16の箇所で作業します。ヘッダーセルのコンポーネント化とバリアント作成、データセルのコンポーネント化とバリアント作成、という手順で進めます。

ヘッダーセルのコンポーネント化とバリアントテーブルを作成する

1 ツールバーからテキストを選択し、配置します。テキストに「cell」と入力します。

2 テキストパネルの「∷（スタイルとバリアブル）」アイコンをクリックし、「Bold/bold-16」を適用し、テキストを［左揃え］にします。塗りパネルの「∷（スタイルとバリアブル）」アイコンをクリックし、「Text/primary」を適用します。

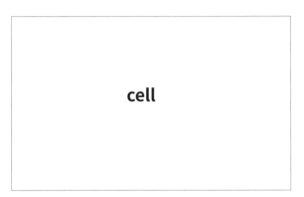

3 テキストにオートレイアウトを使用します。単体へのオートレイアウトの適用となるため、[Shift]+[A]キーでオートレイアウトを作成します。

4 サイズを設定します。❶ W（幅）の［最小幅を追加］をクリックし、［最小幅］に「Numbers/80」を適用します。❷［垂直方向のサイズ調整］に「内包」を適用します。

5 オートレイアウトを設定します。❸ ［中央揃え（左）］にし、❹ ［水平パディング］に「Space/size-1_5」を適用します。❺ ［垂直パディング］に「Space/size-1」を適用します。

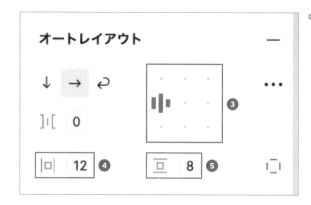

6 塗りと線を設定します。塗りパネルの「∷（スタイルとバリアブル）」アイコンをクリックし、「Key/tertiary」を適用します。線パネルの「∷（スタイルとバリアブル）」アイコンをクリックし、「Border/primary」を適用します。❻ ［中央］にし、❼ 「1」を入力します。

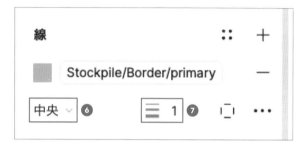

7 フレーム名を「tableHeader」に変更します。

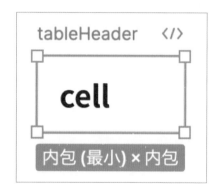

8 「tableHeader」フレームをコンポーネント化します。ツールバー中央の ［バリアントの追加］をクリック→コンポーネントセット下部の ［＋（バリアントの追加）］、またはコンポーネントセット下部の ［＋（バリアントの追加）］ボタンをクリックし、バリアントを合計3つにします。

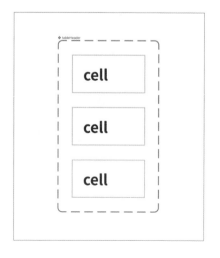

9 真ん中のバリアントを選択し、[オートレイアウト] を [中央揃え] に変更します。同様に、一番下のバリアントを選択し、[オートレイアウト] を [中央揃え（右）] に変更します。

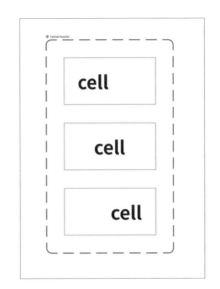

10 バリアントのプロパティ名を初期設定から変更します。コンポーネントセットを選択し、コンポーネントプロパティの ❽「↓↑（プロパティを編集）」アイコンをクリックします。

11 名前を「align」、値を上から「left」「center」「right」とします。

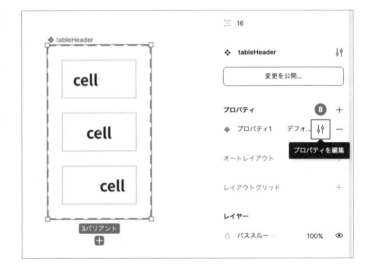

12 「cell」と入力したテキストを3つ選択し、テキストパネルの ❾「⇨（テキストプロパティを作成）」アイコンをクリックします。

13 名前を「text」、値はそのまま「cell」にします。[プロパティを作成] ボタンをクリックします。

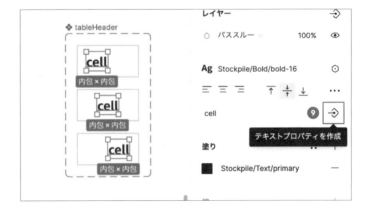

データセルのコンポーネント化とバリアントを作成する

1 作成した「tableHeader」のコンポーネントをまとめて選択し、コピー&ペーストします。

2 コンポーネントの名前を「table Data」に変更します。

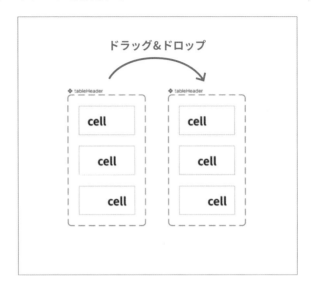

3 テキストスタイルを変更します。テキストパネルの「**::**（スタイルとバリアブル）」アイコンをクリックし、「Regular/regular-16」を適用します。

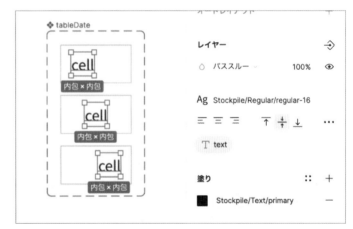

4 塗りを変更します。すべてのバリアブルを選択し、塗りを「Background/primary」に変更します。

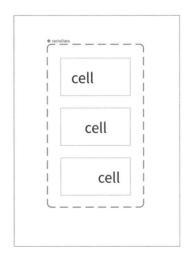

 テーブルができました。

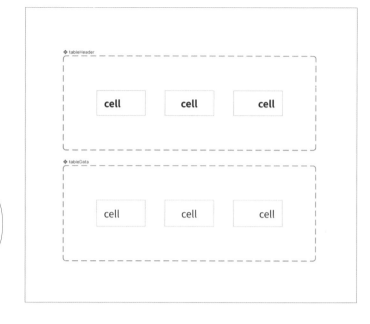

この図では、見やすくするため横並びになるよう、コンポーネントセットの枠を広げて位置を移動させています。

実例

　表は、情報を比較したり、一覧として表示する際に使用するとよいでしょう。実例では、ドメインのプラン別でできることの比較表で使用しています（図3-31）。

	ライト	スタンダード	ビジネス
独自ドメイン	○	○	○
サブドメイン	-	○	○
マルチドメイン設定	20個	100個	400個

図3-31 カードを実装した例

アラート

ユーザーの注意を引くメッセージを表示するのに使用するコンポーネントであるアラートの作成手順と実例を紹介します。

Keyword　#アラート

アラート

アラートは、ユーザーに重要なことやシステムの処理の結果、警告を伝えるために使用するコンポーネントです。ユーザーの注意を引くような塗りやアイコンを使用します。

完成形を確認する

　ユーザーに伝えるメッセージと、それに関連するアイコン、アラートを非表示にするためのボタンからなるコンポーネントです。バリアントを使用し、通常のメッセージを表示するものと、成功を表すもの、警告を表すものを作成します（図3-32）。

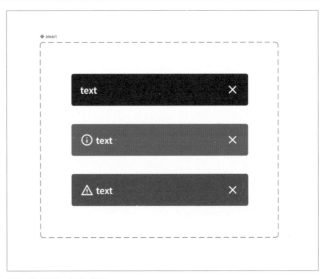

図3-32 アラート完成形

作成手順

　Stockpile UIファイルの「作業ページ」へ移動し、Chapter 3のLesson 17の箇所で作業します。アラートを作成、コンポーネント化とバリアント作成、コンポーネントプロパティを適用、という手順で進めます。

アラートを作成する

1　ツールバーからテキストを選択し、配置します。
テキストに「text」と入力します。

2　テキストパネルの「∴（スタイルとバリアブル）」アイコンをクリックし、「Bold/bold-16」を適用し、テキストを[左揃え]にします。塗りパネルの「∴（スタイルとバリアブル）」アイコンをクリックし、「Text/alert」を適用します。

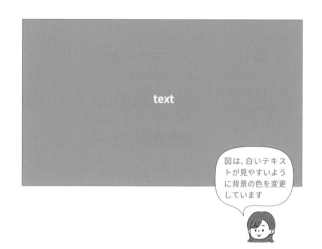

図は、白いテキストが見やすいように背景の色を変更しています

3　[アセット]から[ファウンデーション/アイコン]を開き、「icon_close_24」を配置します。アイコンを選択し、塗りパネルから塗りを「Icon/alert」に変更します。

図は、白いテキストが見やすいように背景の色を変更しています

4　作成したテキストと「icon_close_24」アイコンに、オートレイアウトを設定します。

5　サイズを設定します。❶ W（幅）にバリアブルの「Numbers/360」を適用し、❷ 角の半径に「Radius-1」を適用します。

フレーム ∨		⤡ ⤢
X　56	Y　混在	
W　**360** ❶	H　56	
⊢　固定 ∨	⤫　内包 ∨	
∟　0°	⌐　**4** ❷	⌐⌐
☐　コンテンツを隠す		

6 オートレイアウトを設定します。❸ [左揃え（中央)]にし、❹ [アイテムの左右の間隔]に「Space/size-0_5を適用します。❺ [水平パディング][垂直パティング]に「Space/size-2」を適用します。

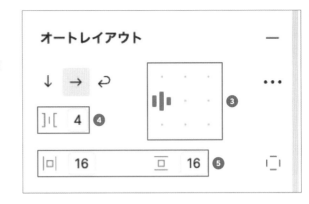

7 「text」と入力したテキストの[水平方向のサイズ調整]を[コンテナに合わせて拡大]にします。

8 塗りを設定します。塗りパネルの「∷（スタイルとバリアブル)」アイコンをクリックし、「Background/alert-info」を適用します。

9 フレーム名を「alert」に変更します。

コンポーネント化とバリアントを作成する

1 「alert」フレームをコンポーネント化します。ツールバー中央の[バリアントの追加]をクリック→コンポーネントセット下部の[＋（バリアントの追加)]をクリックし、バリアントを合計3つにします。

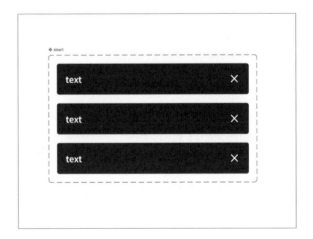

2 ［アセット］から［ファウンデーション/アイコン］を開き、「icon_info_24」と「icon_warning_24」を配置します。アイコンの縁を選択し、塗りパネルから塗りを「Icon/alert」に変更します。

図は、白いアイコンが見やすいように背景の色を変更しています

3 中央のバリアントを選択し、塗りパネルの「 ∷ （スタイルとバリアブル）」アイコンをクリックして「Background/alert-success」を適用します。フレーム内の「text」レイヤー左に「icon_info_24」アイコンをドラッグ＆ドロップし、テキストの左側に配置します。

4 最下部のバリアントを選択し、塗りパネルの「 ∷ （スタイルとバリアブル）」アイコンをクリックして「Background/alert-error」を適用します。手順3と同様、フレーム内の左に「icon_warning_24」アイコンをドラッグ＆ドロップし、テキストの左側に配置します。

5 バリアントのプロパティ名を初期設定から変更します。コンポーネントセットを選択し、コンポーネントプロパティの❶「 ↕↓（プロパティを編集）」アイコンをクリックします。

6 名前を「state」、値を上から「info」「success」「error」とします。

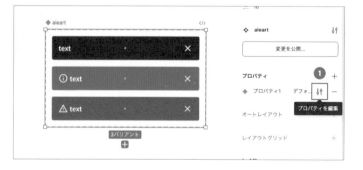

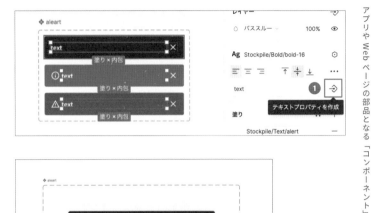

コンポーネントプロパティを適用する

1 「text」と入力したテキストを3つ選択し、テキストパネルの ❶「⇥（テキストプロパティを作成）」アイコンをクリックします。

2 名前を「text」、値はそのまま「text」にします。[プロパティを作成] ボタンをクリックします。

完成 テーブルができました。

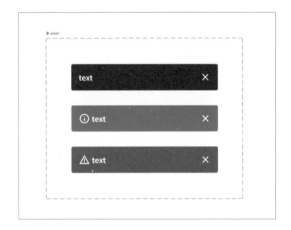

実例

　アラートは、システムの処理の結果や、システムを使用するために必要な行為を促す際に使用するとよいでしょう。実例では、システムからのフィードバックを表示することに使用しています。このとき、infoは進行状況、successは成功、errorは失敗と警告について使うルールとしています（図3-33）。

図3-33 アラートを実装した例

プログレスバー

操作の進捗状況や処理状況を棒状の領域内の色の範囲の変化で表現するコンポーネントであるプログレスバーの作成手順と実例を紹介します。

Keyword #プログレスバー

プログレスバー

プログレスバーは棒状の領域内の色の範囲で進行・処理状況を表現しますが、今回は細かい再現はせずダミーとしてイメージを共有するためのコンポーネントとして用意します。エンジニアに開発を依頼する際は、その旨を伝えるようにするとよいでしょう。

完成形を確認する

進行・処理状況を表現するバーと、具体的な状況を表現する数字からなるコンポーネントです（図3-34）。

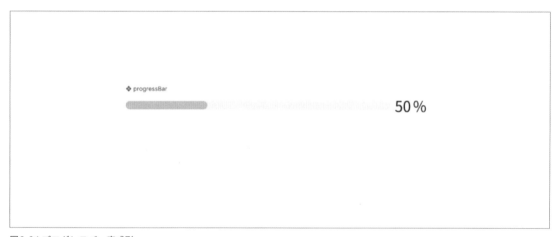

図3-34 プログレスバー完成形

作成手順

Stockpile UIファイルの「作業ページ」へ移動し、Chapter 3のLesson 18の箇所で作業します。中央部分を作成、コンポーネント化とバリアントを作成、コンポーネントプロパティを適用、という手順で進めます。

プログレスバーを作成する

1 ツールバーから❶長方形を選択し、長方形を作成します。

2 長方形のサイズを設定します。❷W（幅）の入力欄右端の「◎（バリアブル）」アイコンをクリックし、バリアブルの「Numbers/80」を適用します。❸H（高さ）の入力欄右端の「◎（バリアブル）」アイコンをクリックし、バリアブルの「Numbers/8」を適用します。❹角の半径の入力欄右端の「◎（バリアブル）」アイコンをクリックし、バリアブルの「Radius/radius-2」を適用します。

3 塗りを設定します。塗りパネルの「∷（スタイルとバリアブル）」アイコンをクリックし、「Key/primary」を適用します。

4 手順3にオートレイアウトを適用することで、背景のバーとします。単体へのオートレイアウトの適用となるため、Shift＋Aキーでオートレイアウトを作成します。フレーム名は「bar」とします。

5 「bar」のサイズを設定します。❺W（幅）の入力欄右端の「◎（バリアブル）」アイコンをクリックし、バリアブルの「Numbers/256」を適用します。❻角の半径の入力欄右端の「◎（バリアブル）」アイコンをクリックし、バリアブルの「Radius/radius-2」を適用します。

6 「bar」の塗りを設定します。塗りパネルの「:: （スタイルとバリアブル）」アイコンをクリックし、「Background/indicator」を適用します。

数値部分を作成する

1 ツールバーからテキストを選択し、配置します。テキストに「50」と入力します。

2 テキストパネルの「:: (スタイルとバリアブル)」アイコンをクリックし、「Regular/reguler-14」を適用します。テキストを[左揃え]にします。塗りパネルの「:: (スタイルとバリアブル)」アイコンをクリックし、「Text/primary」を適用します。

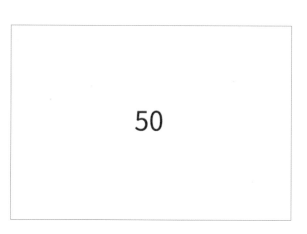

50

3 手順2で作成したテキストを1つ複製し、合計2つになるようにします。複製したテキストに「%」と入力します。

50   %

4 手順3のテキストにオートレイアウトを使用します。オートレイアウトの設定をします。❶[左揃え]を適用し、❷[アイテムの左右の間隔]に「Space/size-0_25」を適用します。

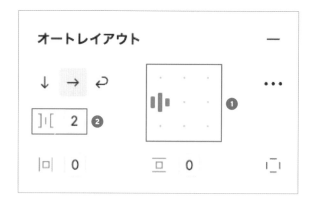

オートレイアウト ー

↓ → ↵   ・ ・ ・

]ı[2 ❷   ❶

|□| 0   ⊡ 0 |_ ¦

5 フレームの名前を「number」にします。

コンポーネント化とコンポーネントプロパティを適用する

1 バーと数字部分にオートレイアウトを指定します。オートレイアウトに ❶［左揃え］を適用し、❷［アイテムの左右の間隔］に「Space/size-0_5」を適用します。フレームの名前を「progressBar」にします。

2 「progressBar」フレームをコンポーネント化します。

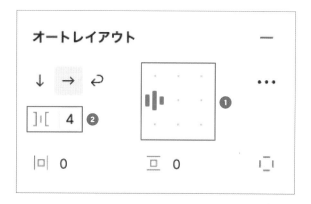

3 「50」と入力したテキストを選択し、テキストパネルの ❸「⇥（テキストプロパティを作成）」アイコンをクリックします。

4 名前を「number」、値はそのまま「50」にします。［プロパティを作成］ボタンをクリックします。

5　「number」フレームを選択し、レイヤーパネルの**④**「→（ブール値プロパティを作成）」アイコンをクリックします。

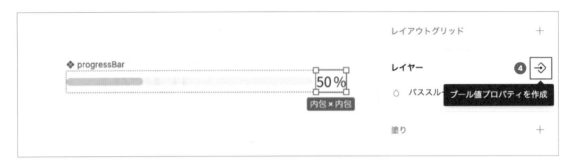

6　名前を「showNumber」にし、値を［True］にします。［プロパティを作成］ボタンをクリックします。

完成　プログレスバーができました。

実例

　プログレスバーは、進行・処理状況をなるべく正確に伝えたいときに使うとよいでしょう。実例では、ローディングの状況を伝えるために使用しています（図3-35）。

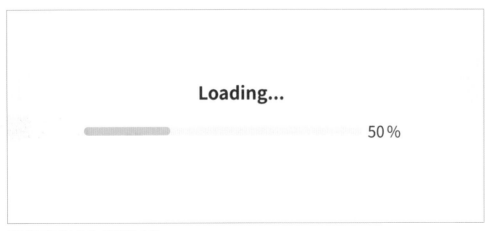

図3-35 プログレスバーを実装した例

Chapter 3 Lesson 19 スピナー

プログレスバーのバー部分が円状の表現になっているコンポーネントであるスピナーの作成手順と実例を紹介します。

Keyword #スピナー

トグル

スピナーとは、Lesson 18で作成したプログレスバー部分が円状の表現に変わったコンポーネントです。スピナーよりも狭い領域に表示できます。

完成形を確認する

進行・処理状況を表現する円と、具体的な状況を表現する数字からなるコンポーネントです（図3-36）。

図3-36 スピナー完成形

作成手順

Stockpile UIファイルの「作業ページ」へ移動し、Chapter 3のLesson 19の箇所で作業します。円を作成、数字部分を作成、コンポーネント化とコンポーネントプロパティ適用、という手順で進めます。

スピナーの背景を作成する

1 円の背景を作成します。❶ シェイプツールから楕円を選択し、円を2つ作成します。

2 2つの円のサイズを設定します。1つ目の円は、W（幅）とH（高さ）に「40」を、2つ目の円はW（幅）とH（高さ）に「32」をそれぞれ入力します。このとき、バリアブルを指定しても、直接数値を入力してもどちらでもかまいません。

3 2つの円を中心位置がぴったりそろうように重ねます。2つの円を選択した状態で、ツールバーの ❷［選択範囲の結合］から［選択範囲の中マド］をクリックします。

4 手順3で作成した円に塗りを設定します。塗り
パネルの「**::**（スタイルとバリアブル）」アイコ
ンをクリックし、「Background/indicator」を
適用します。

円弧の部分を作成する

1 色が塗られている範囲を作成します。ツールバーから楕円を選択し、円を作成します。

2 円のサイズを設定します。W（幅）とH（高さ）に「36」を入力します。このとき、バリアブルを指定しても、直接数値を入
力してもどちらでもかまいません。

3 線を設定します。❶幅に「4」を入力します。こ
のとき、塗りは初期設定のものでかまいません。

4 ツールバーの中央の［オブジェクトを編集］を
クリックします。❷右と下のアンカーポイント
を選択し、削除します。ツールバー左にある［完
了］ボタンクリックします。

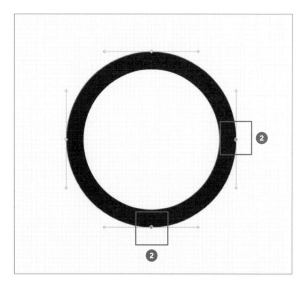

5 線パネルの ❸［開始点］から［丸形］を選択します。同様に ❹［終了点］から［丸形］も選択します。

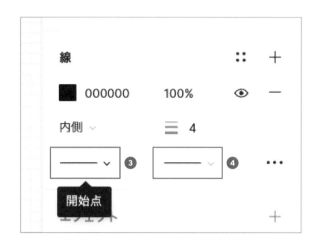

6 塗りを設定します。塗りパネルの「∷（スタイルとバリアブル）」アイコンをクリックし、「Key/primary」を適用します。

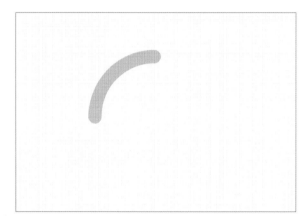

7 円の背景と、手順6の円弧をぴったり重ねてフレームを作成します。フレームの名前を「spinner」にします。

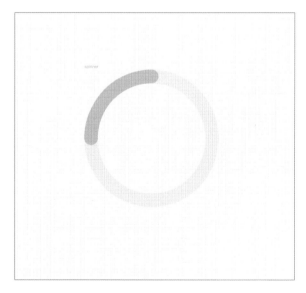

数字部分を作成する

1 Lesson 18で作成した数字部分となる「number」を複製し、spinnerでも使用します。「number」フレームを選択しコピー、Chapter 3のLesson 19の箇所にペーストします。

Lesson 18を未作成の場合、Lesson 18の数値部分を参考に用意しましょう

50 %

2 「spinner」と「number」を縦に並べ、オートレイアウトを作成します。オートレイアウトに **1**［上揃え（中央）］を適用し、**2**［アイテムの上下の間隔］に「Space/size-0_5」を適用します。

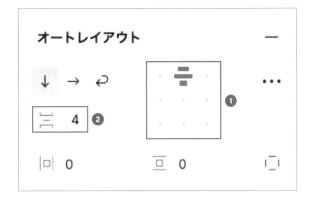

3 フレームの名前を「spinner」にします。

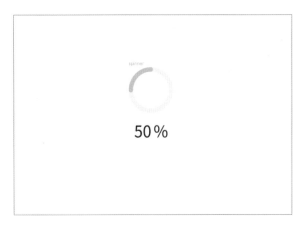

コンポーネント化とコンポーネントプロパティを適用する

1 「spinner」フレームをコンポーネント化します。

2 Lesson 18と同じように「50」と入力したテキストにテキストプロパティを作成します。
テキストプロパティを作成→xxページ

3 Lesson 18と同じように「number」フレームにブール値プロパティを作成します。
ブール値プロパティを作成→xxページ

完成 スピナーができました。

実例

　スピナーは、プログレスバーとほぼ同じ用途で使われますが、プログレスバーよりも狭い領域で進行・処理状況を伝えることができます。実例では、数字部分を非表示にし、カードの画像を読み込んでいる状況を伝えるために使用しています（図3-37）。

図3-37 スピナーを実装した例

ツールチップ

用語やコンポーネントなどにマウスオーバーした際に補足情報を表示するコンポーネントであるツールチップの作成手順と実例を紹介します。

Keyword　#ツールチップ

ツールチップ

ツールチップは、ユーザーにとって理解しにくい用語や文章などにマウスオーバーすると表示される補足情報に使用します。画面上のほかの要素に重なる形で表示されるので、溶け込まないように塗りで差別化をします。

完成形を確認する

テキストを表示する領域と、ふきだしの三角形からなるコンポーネントです。ふきだしの位置別にバリアントを作成します（図3-38）。

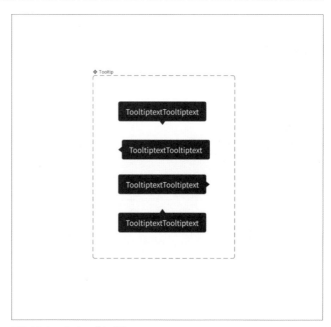

図3-38 ツールチップ完成形

作成手順

Stockpile UIファイルの「作業ページ」へ移動し、Chapter 3のLesson 20の箇所で作業します。テキストを表示する領域を作成、ふきだしを作成、コンポーネント化とバリアント作成、コンポーネントプロパティを適用、という手順で進めます。

ツールチップを作成する

1 ツールバーからテキストを選択し、配置します。テキストに「Tooltiptext」と2回入力します。

2 テキストパネルの「∷（スタイルとバリアブル）」アイコンをクリックし、「Regular/regular-16」を適用します。テキストを[左揃え]にします。塗りパネルの「∷（スタイルとバリアブル）」アイコンをクリックし、「Text/alert」を適用します。

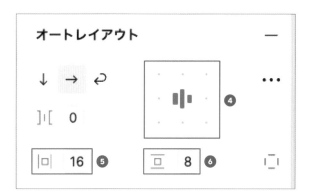

3 テキストにオートレイアウトを使用します。単体へのオートレイアウトの適用となるため、Shift＋Aキーでオートレイアウトを作成します。

4 サイズを指定します。W（幅）の❶[最大幅を追加]をクリックし、[最大幅]に「Numbers/256」を適用します。❷[垂直方向のサイズ調整]に「内包」を適用します。❸[角の半径]に「Radius-1」を適用します。

5 オートレイアウトを作成します。❹[中央揃え]を適用し、❺[水平パディング]に「Space/size-2」を適用します。❻[垂直パディング]に「Space/size-1」を適用します。

6 塗りを設定します。塗りパネルの「∷(スタイルとバリアブル)」アイコンをクリックして「Background/alert-info」を適用します。フレーム名を「label」に変更します。

ふきだしを作成する

1 ❶ シェイプツールから多角形を選択し、三角形を配置します。

2 配置した三角形を右クリックし、❷[線のアウトライン化]をクリックします。

┌─ Point ──────
│ 線のアウトライン化をすることで、フレームの余
│ 白がなくなります。
└─────────────

3 サイズを設定します。❸W（幅）にバリアブルの「Numbers/12」を適用、❹H（高さ）にバリアブルの「Numbers/8」を適用します。

4 塗りを設定します。塗りパネルの「⠿（スタイルとバリアブル）」アイコンをクリックして「Background/alert-info」を適用します。レイヤー名を「arrow」に変更します。

三角形は、▼になるよう180度回転させておきましょう

コンポーネント化とバリアントを作成する

1 「label」と「arrow」を選択し、オートレイアウトを適用します。オートレイアウトの設定は［縦に並べる］、［上下の間隔］は「0」、［中央揃え］とします。また、フレーム名を「tooltip」に変更します。

2 「tooltip」フレームをコンポーネント化します。ツールバー中央の［バリアントの追加］、またはコンポーネントセット下部の［＋（バリアントの追加）］をクリックし、バリアントを合計4つにします。

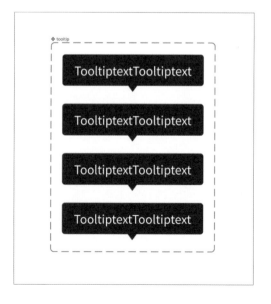

3 上から2つ目のバリアントの「arrow」を選択し、先端が左側に向くように回転します。バリアントに設定しているオートレイアウトの値を ❶［横に並べる］に適用し、❷［左揃え（中央）］を適用します。

───── Point ─────

arrowの向きの変更は、オートレイアウトが適用されているフレーム内で回転させます。

4 上から3つ目のバリアントの「arrow」を選択し、先端が右側に向くように回転します。バリアントに設定しているオートレイアウトの値を ❸［横に並べる］に適用し、❹［右揃え（中央）］を適用します。

5 最も下部のバリアントの「arrow」を選択し、先端が上を向くように回転します。バリアントに設定しているオートレイアウトの値を ❺［縦に並べる］に適用し、❻［上揃え（中央）］を適用します。

6 バリアントのプロパティ名を初期設定から変更します。コンポーネントセットを選択し、コンポーネントプロパティの ❼「↓↑（プロパティを編集）」アイコンをクリックします。

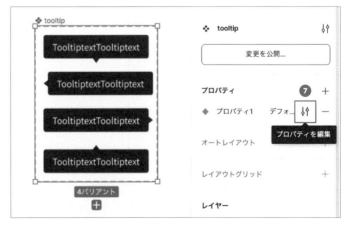

7 ⑧名前を「arrow」、⑨値を上から「bottom」「right」「left」「top」とします。

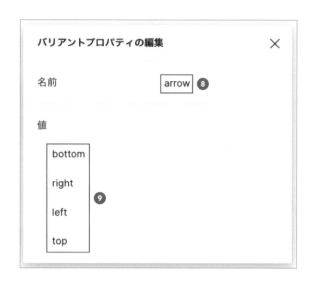

コンポーネントプロパティを適用する

1 それぞれのバリアント内のテキスト部分「TooltiptextTooltiptext」をすべて選択し、テキストパネルの❶「→（テキストプロパティを作成）」アイコンをクリックします。

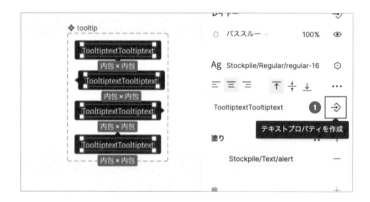

2 ❷名前を「text」、❸値はそのまま「TooltiptextTooltiptext」にします。❹［プロパティを作成］ボタンをクリックします。

完成　ツールチップができました。

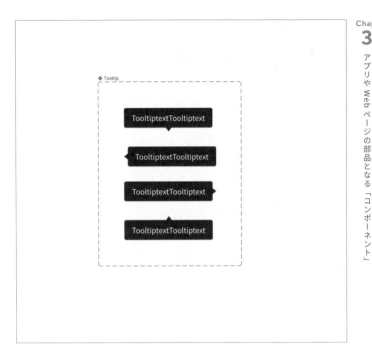

実例

　実例では、ユーザーにとって理解しにくい用語の横にある「？」アイコンをマウスオーバー（タップ）した際に表示する補足情報にツールチップを使用しています（図3-39）。

図3-39 ツールチップを実装した例

モーダル

「モードを持つ」という意味のモーダルは、操作の途中に割り込むかたちで表示されるウィンドウのコンポーネントです。

Keyword　#モーダル

モーダル

モーダルとは、「モードを持つ」という意味で、UIデザインの分野では、操作の途中に割り込むかたちで表示されるウィンドウのことで、モーダルウィンドウやモーダルダイアログともいいます。これは、モーダルの操作を完了しない限り、次の操作に進めない性質を持ちます。

例えば「データ削除」のような、取り返しのつかない重要な操作をする直前に削除の実行を確認するための操作や、次の画面へ行く際に確認が必要なときなどにモーダルを表示させます。

モーダルの表示として、画面に覆いかぶさるように全面に背景を設定し、その中央にモーダルウィンドウを配置する、といった表示方法になります。

完成形を確認する

各端末で同様の表示となります。バリアントはありません（図3-40）。

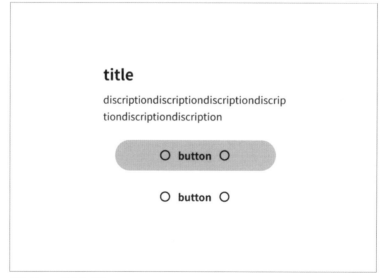

図3-40 モーダル完成形

ボタンはChapter 3のLesson 1で作成します。ボタンを自作しない場合、Stockpile UIのコンポーネントを利用しましょう。

作成手順

　Stockpile UIファイルの「作業ページ」へ移動し、Chapter 3のLesson 21の箇所で作業します。テキスト部分を作成、全体を作成、コンポーネント化とコンポーネントプロパティを設定という手順で進めます。

テキスト部分を作成する

1 タイトル部分を作成します。「Title」と入力し、テキストスタイルの「Bold/bold-24」を設定し、塗りを「Text/primary」とします。

2 本文部分を作成します。ダミーテキストとして60文字ほど文章を入力し、テキストスタイルの「Regular/regular-16」を設定し、塗りを「Text/primary」とします。

3 手順1と手順2を選択し、オートレイアウトを適用します。［アイテムの上下の間隔］は「Space/size-1」とし、W（幅）は300前後、フレーム名を「text」としておきます。タイトルと本文を選択し、［水平方向のサイズ調整］を［コンテナに合わせて拡大］とします。

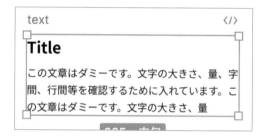

全体を作成する

1 Chapter 3のLesson 1で作成したボタン、または［アセット］→［コンポーネント/button］→「fixedButton」を、「text」フレームの下に２つ配置します。ボタンのバリアントは「size」を「medium」とします。

2 ボタン２つにオートレイアウトを適用します。フレーム名を「button」、［アイテムの上下の間隔］は「Space/size-2」、［中央揃え］としておきます。

3 「text」と「button」にオートレイアウトを適用します。フレーム名を「modal」、［中央揃え］、［アイテムの上下の間隔］［水平パディング］［垂直パディング］をどれも「Space/size-3」としておきます。また、「text」と「button」の［水平方向のサイズ調整］を［コンテナに合わせて拡大］とします。

4 「modal」の背景の塗りを「Background/primary」、角の半径を「Radius/radius-2」とします。

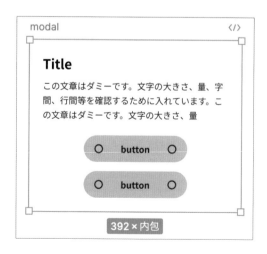

コンポーネント化とプロパティを作成する

1 「modal」をコンポーネント化します。

2 「description」、下部のボタンの表示・非表示を切り替えられるようにするため、ブール値を設定します。要素を選択し、右サイドバーのレイヤーパネル [⇔（ブール値プロパティを作成）] アイコンをクリックします。名前は、本文を「showDescription」、下部のボタンを「showSecondaryButton」とします。

3 それぞれのテキストにコンポーネントプロパティのテキストプロパティを設定します。テキストを選択し、テキストパネルの [⇔（テキストプロパティを作成）] アイコンをクリックし、[プロパティを作成] をクリックします。名前は、「titleText」「descriptionText」とします。

4 「modal」コンポーネントを選択し、右サイドバーのプロパティパネル「＋」アイコンをクリックし、[ネストされたインスタンス] をクリック→[プロパティの公開元] の「fixed_button」2つにチェックを入れます。

完成 モーダルができました。

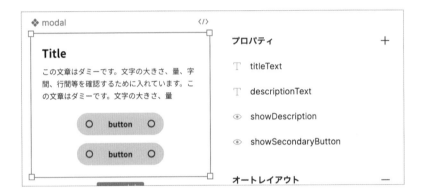

実例

重要な通知や操作の確認にモーダルを利用します。運用の際には、モーダル利用中はほかの操作をさせないようにするため、ウィンドウの下に全画面の背景を重ねて配置するとよいでしょう（図3-41）。

図3-41 モーダルを実装した例

Chapter

4

オリジナルアプリを作る準備

Chapter3までに作った「Stockpile UI」を使用して、
実際にオリジナルアプリの画面を作ります。
見本を元に作ってみることで、「Stockpile UI」の
活用方法をイメージできるでしょう。

アプリを作る流れ

Chapter 4・5では、Stockpile UIを使って画面を作る方法を知ってもらいたく、見本を元に画面を作る流れにしています。実際の制作で画面を作る前に必要な工程について解説します。

Keyword #アプリのデザインの流れ

手順

大まかな手順は以下（図4-1）の通りです。それぞれ解説します。

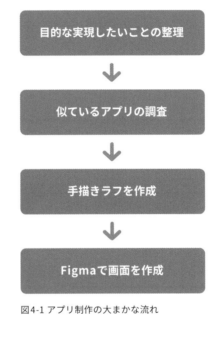

図4-1 アプリ制作の大まかな流れ

人や案件によって進め方をアレンジすることもありますが、今回はよくある流れを紹介しています。「実際にアプリを企画・デザインするとしたら？」を想像しながら読んでみてください！

アプリを作る目的や実現したいことを整理する

最初に「なぜアプリを作りたいのか？」「アプリでどんなことを実現したいのか？」など、目的や実現したいことを考えたり、企画担当者にヒアリングしたりします。考えたりヒアリングしたりした内容は、例え些細なものでも書き溜めておきます。

書き溜めた内容を元に、特に以下の3つについて文章や図にまとめます。まとめておくことで、目的や実現したいことの軸がぶれるのを防ぐことができます。

誰に向けたアプリなのか

　誰に向けたアプリを作るのかによって、デザインで注意すべき点が変わってきます。例えば子どもに向けたアプリを作る場合、難しい漢字が読めないことが想定されるので、漢字にふりがなを振ったりイラストを多めにして、読みやすく理解しやすいように工夫します。

　今回は架空のピザチェーン店の商品であるピザの注文から配達までができる、ピザのデリバリーアプリを作成します。このピザアプリの場合は、設定を「20代〜50代までの、幅広い年齢層。家や職場から、自身のパソコンやタブレット、スマートフォン端末を使用して注文する」としているので、子どもに向けた工夫や、炎天下や暗闇で使うなどの使用する環境についての工夫は必要ありません。

> もっと
> 知りたい ┃ **ペルソナ**

　誰に向けたアプリなのかを、具体的な人物像である「ペルソナ」というもので表現することがあります。
　ペルソナを作成するためには、アンケートやユーザーインタビューなどの調査を実施することが多いです。
　ペルソナに必要な情報は案件によって異なりますが、主に以下の要素から構成されます。

- ● **基本情報**（名前、年齢、性別、職業、家族構成）
- ● **価値観や目標**
- ● **困っていることや悩み**
- ● **よく使うアプリ**

なぜ作るのか

　ほかのアプリを参考にデザインを進めていくと、気づいたときに参考にしたアプリに寄りすぎてしまっていることがあります。なぜアプリを作るのかを言葉にしておくことで、デザインしたアプリを見返す際の指標になります。

　ピザアプリの場合は、「架空のピザチェーン店のアプリを新規作成したい、アプリ内で注文もできるようにしたい」が作る理由にあたります。

> ピザアプリは、著者目線からだとFigmaの使い方を知ってもらうために作るアプリともいえます

何を作るのか

　どんな機能や要素が必要なのかをまとめておくことで、過不足がないか見返すためのリストになります。また、参考にするアプリを探すときにも役に立ちます。ピザアプリの場合は、必要な機能を以下にしています。

- アプリにログインできる
- ログインに必要なパスワードを再発行できる
- 商品を一覧で閲覧できる
- 商品の詳細を閲覧できる
- 商品のサイズや生地の種類など、オプションを設定できる
- 商品をカートに追加できる
- カートに追加した商品や、配達に必要な情報を閲覧できる
- カートにある商品を注文する
- 注文を削除する
- 会員情報を変更したことや注文が完了したことなど、アプリの通知を閲覧する
- キャンペーンや新商品情報など、ピザチェーン店からのお知らせを閲覧する
- 会員情報を閲覧、編集できる

Point

「何を作るのか」の段階ですべてを出し切ることはあまりなく、「なぜ作るのか」や「似ているアプリを調査する」「手描きラフを作成する」工程を行き来して作っていきます。

私は実際にピザの宅配アプリを作ったことがなかったので、似ているアプリを元に必要な機能を洗い出してみました。いきなりすべての機能をリストアップするのは、なかなか難しいですね

似ているアプリを調査する

　作りたいものと似ていたり、同じ機能を持つアプリを調査します。似ているアプリを探す際は、主に以下の要素を重視します。

- 競合や、同じ領域のアプリか
- 作りたいアプリの機能に類似した機能が搭載されているか
- App StoreやGoogle Playストアのレビュー数があり、評価が高いか
- アップデートが最近まで行われているか、継続的にメンテナンスされているか

　似ているアプリのスクリーンショットを撮影して残すことで、後から見返しやすくなります。

もっと知りたい｜リファレンス

　似ているアプリを調査したものを「リファレンス」と呼びます。ユーザーが普段使い慣れているアプリのデザインを取り入れることで、使い勝手をよくすることにつながります。また、リファレンスを元にデザインをすることでゼロからすべてを設計する手間を省くことができます。なるべく多くのリファレンスを集めることで、より効率よく使い勝手のよいデザインができるようになります。

似ているアプリの調査は、デザインだけでなく企画や実装にも役に立つことが多いです。参考にするアプリのスクリーンショットを関係者の目に留まりやすいところに保存しておくと、感謝されることも。私はFigmaやFigJamに一覧として並べておくことが多いです

手描きラフを作成する

手描きラフとは、紙とペンを使って描く下描きのことです。Figmaで作業をする前に、要素の過不足がないか、目的に沿ったデザインになっているかを確認します。手描きラフを描く際は、前提として整理した誰に向けたアプリなのか、なぜ作るのか、何を作るのかと、似ているアプリの画面を参考に描いていきます（図4-2）。

特に、「何を作るのか」で整理した必要な機能を満たすように意識して手描きラフを描いていくことで、必要な機能のリストと画面の両方から、抜け漏れを確認することができます。

図4-2 手描きのラフ

> プロのデザイナーも、場合によりますがFigmaで制作をする前に手描きラフを用意することが多いです。Figmaで制作をするよりも、手描きで描いてみるほうが素早く検討できます

Figmaで画面を作成する

手描きラフを見本として配置し、実際に画面を作っていきます。画面を作っていく流れは人や案件によって異なりますが、例えばFigmaコミュニティにすでに公開されているコンポーネント集を使って仮組みをし、必要なコンポーネントを洗い出してから制作を進めることもあります。

コンポーネントの数は少なくしたほうが管理しやすい点から、コンポーネントにできそうなものはなるべくコンポーネント化し、使い回せないか検討していくのがおすすめです。作成中のコンポーネントを実際に画面に当ててみることで、色が合っていなかったりフォントサイズが意図と異なっていることなどに気づくことがあります。その場合は、スタイルやバリアブルの調整を行いながら、デザインを完成させていきます。

> 私は最低3つ以上のリファレンスを集めるようにしています。どのアプリもとても参考になるので、ぜひ集めてみてください！

Chapter 4

Lesson 2

オリジナルアプリについて

ここからStockpile UIを活用してオリジナルのピザ配送アプリを作っていきます。Lesson 2 では、作成する画面やオリジナルアプリの設定、作成手順について解説します。

Keyword #オリジナルアプリの概要 #サンプルファイルの準備

Chapter 4・5で作るオリジナルアプリについて

　Chapter 4・5では、架空のピザチェーン店の商品であるピザの注文から配達まですることができる、ピザのデリバリーアプリを作成します。

　今回作成する画面の種類は9つです。それぞれパソコン、タブレット、スマートフォン表示を作ります。

作成する画面の名前	画面の説明
ログイン画面	アプリにログインするためのメールアドレスとパスワードを入力する画面
パスワード再発行画面	パスワードを忘れたとき、パスワード再発行リンクを送信するメールアドレスを入力する画面
マイページ画面	会員情報や支払い方法など、ピザを注文する人に関する情報の一覧画面
会員情報画面	ピザを注文する人の名前や生年月日を確認、編集するための画面
ピザの一覧画面	商品のピザの一覧画面
ピザの詳細画面	商品のピザの詳細画面
カート画面	配達に関する情報とカートに入れたピザの情報を確認し、注文する画面
注文を削除するモーダル	注文を削除するときに、誤って削除することがないよう確認するためのモーダル
お知らせ一覧画面	ピザを注文する人の操作に基づいた通知と、運営からのお知らせの一覧画面
エラー画面	存在しない画面にアクセスした際に表示される画面。404エラー画面ともいう

Chapter 4・5では、Figmaの使い方を知ってもらうために、見本を元に作り進める手順にしています。その前段階の手順や、実際にアプリをデザインするときの流れについてはLesson 4で解説しています

　見本の画面はサンプルファイルの[Chapter 4・5 オリジナルアプリを作る]で確認できます。

サンプルファイルについて→10ページ

今回は代表的な画面を作成します。実際にアプリをデザインする場合は、ほかにも作らなければならない画面がたくさんあります。よく使うアプリやサイトを意識して見てみると、どんな画面があるのか参考になります

オリジナルアプリの設定

本書で作成するアプリの設定です。

名前	とろけるデリバリーピザ
ブランドカラー	黄色。Stockpile UIの「yellow-300」にあたるもの
想定ユーザー	20代～50代までの幅広い年齢層。家や職場から、自身のパソコンやタブレット、スマートフォン端末を使用して注文する

用語解説

ブランドカラー

ブランドカラーとは、ブランドを連想させる色のことです。

オリジナルアプリを作る場所を準備する

プロジェクトを作る

最初に、作業を進めるためのプロジェクトを用意します。

1 左サイドバーでファイルを配置したいチームを選択します。

2 [＋プロジェクト]ボタンを選択します。

3 [プロジェクト名]に ❶「Figmaで作るUIデザイン」と入力し、❷[プロジェクトを作成]ボタンをクリックします。

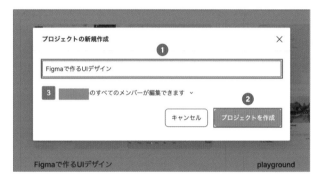

Point

プロジェクトは、スタータープランでは1つまでしか作ることができません。スタータープランで作る場合は、既存のプロジェクトの名前を変更し［下書き］からファイルを移動するか、［下書き］のまま制作を進めます。

サンプルファイルをプロジェクトに移動する

コミュニティから下書きに移動した［Chapter 4・5 オリジナルアプリを作る］のサンプルファイルを［Figmaで作るUIデザイン］プロジェクトに移動します。

1 下書きの一覧にあるサンプルファイルを ❶右クリックし、❷[ファイルを移動]を選択します。

2 作成した ❸［Figmaで作るUIデザイン］プロジェクトを選択し、❹［移動］ボタンをクリックします。

完成 ［Figmaで作るUIデザイン］プロジェクトを開くと、サンプルファイルが移動したことを確認できます。

サンプルファイル内の作業用セクションを確認する

　サンプルファイルの見本の右側に［作業用］というタイトルのセクションがあります（図4-3）。見本を見ながら、作業用のセクション内にオリジナルアプリを作ります。セクションが狭い場合は、セクションを選択し、バウンディングボックスでサイズ変更ができます。

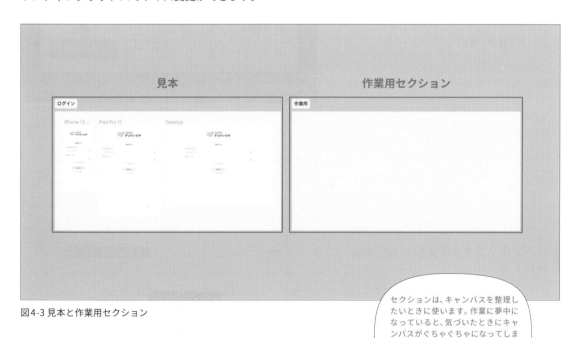

図4-3 見本と作業用セクション

> セクションは、キャンバスを整理したいときに使います。作業に夢中になっていると、気づいたときにキャンバスがぐちゃぐちゃになってしまうことがよくあります。最初のうちにエリアを区切っておくことで、作業効率が上がりますよ！

Stockpile UIを使った画面の作成手順

Chapter 4・5では、サンプルファイルを見本に、以下の流れで画面を作成します。

バリアブルを登録し、エイリアスを作成する

Chapter 4のLesson 3では、Stockpile UIの［ファウンデーション］ページからオリジナルアプリで使用するものを選択し、エイリアスとしてバリアブルに登録します。

バリアブルを登録し、エイリアスを作成する→252ページ

コンポーネントをオリジナルアプリ用に調整する

Chapter 4のLesson 4・5では、Stockpile UIの［コンポーネント］ページから、❶ピザのデリバリーアプリで使用するコンポーネントを選択し、❷コピー&ペーストします。

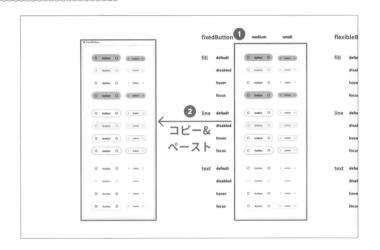

複製したコンポーネントをStockpile UIのコンポーネントと混同しないように、［Chapter 4・5オリジナルアプリを作る］ファイルの［オリジナルアプリのファウンデーション・コンポーネント］ページに移動します。移動したコンポーネントにエイリアスを指定します。

コンポーネントをオリジナルアプリ用に調整する→260ページ

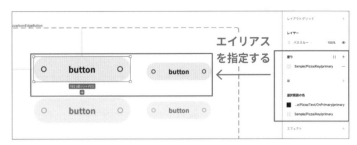

コンポーネントを元に画面を作成する

Chapter 5の各Lessonで、オリジナルアプリの9つの画面の制作を進めていきます。作業用セクション内にフレームを用意し、見本と同じように文字やフォントを指定したコンポーネントや新規作成した要素を並べます。［オートレイアウト］を使用して余白を調整し、スマートフォン、タブレット、パソコンの画面を作成します。

ピザに限らず商品を販売するアプリには、文字を入力するフォームが多数ある画面や商品一覧画面など、学びを深めるのにおすすめな画面がたくさんあるため、今回の題材に選びました

Chapter

4

Lesson

3

ファウンデーション

Stockpile UIの［ファウンデーション］を元に、オリジナルアプリで使用するものをエイリアスとしてバリアブルに登録します。

Keyword #ファウンデーション #バリアブル #スタイル

カラー

　Stockpile UIのカラーバリアブルに登録されたカラーを元に、オリジナルアプリで使用するカラーのエイリアスを登録します。Chapter 4・5ではライトモードで制作をするため、ライトモードについて解説します。カラーを選ぶときは、コントラスト比がWCAGの基準を満たしているかを確認しましょう。今回は適用レベル「AA」を満たすように選んでいます。

> Figmaには、コントラスト比を簡単にチェックできるプラグインがあります。私はContrastを愛用していますが、ほかにもいろいろあるので探してみてください。
> https://www.figma.com/community/plugin/748533339900865323

Point

ダークモードのエイリアスも、サンプルファイルに登録しています。

　エイリアスは、以下の手順で登録します。51ページを参考に、バリアブルのコレクションを作成します。名前は「Colors」にします。

コレクションの作成→51ページ

　右サイドバーに表示される［ローカルバリアブル］からバリアブルを登録します。登録するバリアブルは合計18個です。バリアブルの名前には「Pizza/Key/primary」や「Pizza/Error/primary」などを入力します。この名前は、次ページ以降にあるキーカラーやエラーなどの表の［名前］列の文字を入力します。

バリアブルの作成→48ページ

エイリアスを作成する

1 ［値］の列を右クリックし、❶［エイリアスを作成］を選択します。

2 ［ライブラリ］タブに表示されている［Stockpile］の中から［エイリアス］に設定するバリアブルを選びます。バリアブルには「Stockpile/Yellow/yellow-300」や「Stockpile/Red/red-600」などを指定します。このバリアブルは、以下にあるキーカラーやエラーなどの表の［バリアブルに登録済みのカラー］列のバリアブルを指定します。

完成 カラーのエイリアスの登録ができました。

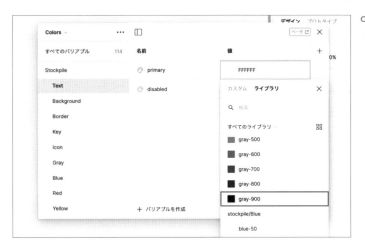

> **Point**
>
> サンプルファイルのエイリアスとLesson 4で作るエイリアスが混ざらないように、サンプルファイルのエイリアスは「Sample」の中にあります。

キーカラー

デザインのトーン＆マナーを確定する鍵となるカラーです。

名前	バリアブルに登録済みのカラー	用途
Pizza/Key/primary	Stockpile/Yellow/yellow-300	ブランドカラー。アプリが「とろけるデリバリーピザ」のものであることを認識しやすくなるように、最も重要な要素に指定する
Pizza/Key/secondary	Stockpile/Yellow/yellow-700	Primaryの次に重要度の高いカラー。Primaryよりも優先度の低い要素に指定する
Pizza/Key/tertiary	Stockpile/Yellow/yellow-100	Primary、Secondaryに次ぐ重要度のカラー。色味が薄いため、主に優先度の高い要素の塗りに指定する

エラー

失敗や危険を伝える注意喚起を意味するカラーです。

名前	バリアブルに登録済みのカラー	用途
Pizza/Error/primary	Stockpile/Red/red-600	文字やコンポーネントの塗りに指定する
Pizza/Error/secondary	Stockpile/Red/red-50	塗りに指定する

アテンション

注目してほしい情報に指定するカラーです。

名前	バリアブルに登録済みのカラー	用途
Pizza/Attention/primary	Stockpile/Red/red-600	文字やコンポーネントの塗りに指定する
Pizza/Attention/secondary	Stockpile/Red/red-50	塗りに指定する

ボーダー

線に使用するカラーです。

名前	バリアブルに登録済みのカラー	用途
Pizza/Border/primary	Stockpile/Gray/gray-300	要素を区切るための線の塗りに指定する
Pizza/Border/secondary	Stockpile/White	塗りのある要素の線の塗りに指定する
Pizza/Border/disabled	Stockpile/Gray/gray-300	押せない状態の要素の線の塗りに指定する
Pizza/Border/error	Stockpile/Red/red-600	エラー状態の要素の線の塗りに指定する
Pizza/Border/key-primary	Pizza/key/primary	キーカラーのprimaryを線の塗りに指定する際に使用する
Pizza/Border/key-secondary	Pizza/key/secondary	キーカラーのsecondaryを線の塗りに指定する際に使用する

アイコン

アイコンに使用するカラーです。

名前	バリアブルに登録済みのカラー	用途
Pizza/Icon/primary	Stockpile/Gray/gray-900	アイコンの塗りに指定する
Pizza/Icon/disabled	Stockpile/Gray/gray-600	押せない状態のアイコンの塗りに指定する

背景

デザインする画面の背景に指定するカラーです。

名前	バリアブルに登録済みのカラー	用途
Pizza/Background/primary	Stockpile/White	最背面より上に重なる背景の塗りや、コンポーネントの塗りに指定する
Pizza/Background/secondary	Stockpile/Gray/gray-50	最背面の背景の塗りに指定する
Pizza/Background/disabled	Stockpile/Gray/gray-100	選択できない状態のコンポーネントの塗りに指定する
Pizza/Background/selected	Pizza/Key/tertiary	選択状態のコンポーネントの塗りに指定する
Pizza/Background/hover	Pizza/key/tertiary	マウスオーバーした状態の要素の塗りに使用する
Pizza/Background/error	Pizza/Error/secondary	エラー状態の要素の塗りに使用する
Pizza/Background/key-primary	Pizza/Key/primary	キーカラーのprimaryを塗りに指定したいときに使用する
Pizza/Background/key-secondary	Pizza/Key/secondary	キーカラーのsecondaryを塗りに指定したいときに使用する
Pizza/Background/selected	Pizza/Key/tertiary	選択状態のコンポーネントの塗りに指定する

テキスト

文字に指定するカラーです。背景に指定するカラーとのカラーコントラスト比が適用レベル「AA」を満たすように、複数のカラーを用意します。

名前	バリアブルに登録済みのカラー	用途
Pizza/Text/primary	Stockpile/Gray/gray-900	明るい塗りの要素の上に配置するテキストに指定する
Pizza/Text/placeholder	Stockpile/Gray/gray-600	placeholderのテキストの塗りに指定する
Pizza/Text/disabled	Stockpile/Gray/gray-600	disabledのテキストの塗りに指定する
Pizza/Text/secondary	Stockpile/White	暗い塗りの要素の上に配置するテキストに指定する
Pizza/Text/selected	Pizza/Key/secondary	選択状態のコンポーネントのテキストに指定する
Pizza/Text/error	Pizza/Error/primary	エラー状態のテキストの塗りに指定する
Pizza/Text/key	Pizza/Key/secondary	キーカラーのsecondaryを指定するときに使用する

アイコン

　オリジナルアプリでは、Stockpile UIで使用しているアイコン以外のものも使用するため、それらのアイコンを追加します。 アイコンは「Material Symbols」からダウンロードします。

アイコンを追加する

1 Material SymbolsのWebサイトにアクセス (https://fonts.google.com/icons) し、[Icons]から欲しいアイコンを探します。オリジナルアプリでは、[Water Full] と [Local Pizza] の2つを使います。Material Symbolsのサイトの ① 検索フォームから、それぞれのアイコンの名前で検索します。

2 ② 欲しいアイコンを選択し、ウィンドウの右側に表示されるシートの一番下の ③ [SVG] ボタンをクリックします。

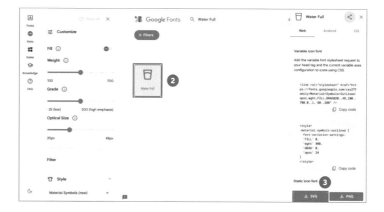

3 ダウンロードしたアイコンを、④ ドラッグ&ドロップでFigmaに配置します。

4 追加するアイコンの表にある名前を入力し、コンポーネントを作成します。

完成 コンポーネントが作成できました。

コンポーネントの作成
→38ページ

私も仕事でよくMaterial Symbols を使います。素早くデザインをする必要がある場合に、とても便利です。よく使っているアプリのアイコンを観察してみると、もしかしたら使われているかもしれません！

タイポグラフィ

　Stockpile UIでスタイルに登録されているテキストから、必要なものを選択して使用します。タイポグラフィは、Stockpile UIのスタイルをそのまま使います。必要なものだけを使うので、すべては使いません。オリジナルアプリ上で、必要なスタイルはどれで、どのように使うかを、サンプルファイル上と以下の表に記載しています。特に追加で作業をする必要はありません。

Stockpile UIのテキストスタイル	用途
Stockpile/Bold/bold-32	画面のタイトルなど、最も大きいタイトルの文字に指定する
Stockpile/Bold/bold-24	要素のタイトルなど、2番目に大きいタイトルの文字に指定する。ボタンの文字にも指定する
Stockpile/Bold/bold-16	コンポーネントの見出しなど、3番目に大きいタイトルの文字に指定する。ボタンの文字にも指定する
Stockpile/Regular/regular-16	本文の文字に指定する
Stockpile/Regular/regular-14	小さめな本文の文字に指定する
Stockpile/Bold/bold-14	小さいボタンの文字に指定する
Stockpile/Regular/regular-12	小さな補足文字に指定する
Stockpile/Other/other-10	[header] コンポーネントの [メニュー] のテキストに指定する

余白

Stockpile UIでバリアブルに登録されている［Size］から、必要なものをエイリアスに登録します。
エイリアスは、以下の手順で登録します。xxページを参考に、バリアブルのコレクションを作成します。名前は「Space」にします。
　右サイドバーに表示される［ローカルバリアブル］からバリアブルを登録します。バリアブルの名前には以下の表の［名前］列の文字を入力します。

エイリアスを作成する

1 ［値］の列を右クリックし、❶［エイリアスを作成］を選択します。

Point

［数値］のバリアブルのエイリアスは、［値］の入力欄にマウスオーバーし、「◎」アイコンをクリックすることで、作成済みのバリアブルから指定することもできます。

2 ［ライブラリ］タブの［すべてのライブラリ］を開きます。［Stockpile］の中から［エイリアス］に設定するバリアブルを選びます。値には以下の表の［Stockpile UIの余白］列のバリアブルを指定します。

完成 エイリアスに登録できました。

名前	Stockpile UI上の名前
Pizza/size-0	Stockpile/Numbers/0
Pizza/size-8	Stockpile/Numbers/8
Pizza/size-16	Stockpile/Numbers/16
Pizza/size-24	Stockpile/Numbers/24
Pizza/size-32	Stockpile/Numbers/32
Pizza/size-40	Stockpile/Numbers/40
Pizza/size-48	Stockpile/Numbers/48
Pizza/size-56	Stockpile/Numbers/56

名前	Stockpile UI上の名前
Pizza/size-80	Stockpile/Numbers/80
Pizza/size-120	Stockpile/Numbers/120
Pizza/size-160	Stockpile/Numbers/160

> 私は仕事でも、多くの画面サイズが8で割り切れる点と、偶数で計算がしやすく端数が生じにくい点から、余白やテキストの大きさを8の倍数で指定しがちです

角丸

角丸も余白と同様に、Stockpile UIで数値バリアブルに登録されている[Size]から、必要なものをエイリアスに登録します。

Stockpile UIの角丸	Stockpile上の名前
Stockpile/radius-1	複数の要素がまとまったエリアの四隅に指定する

影

影は、Stockpile UIのエフェクトスタイルに登録されているものをそのまま使用します。特に追加で作業をする必要はありません。

Stockpile UIのエフェクト	用途
Stockpile/Shadow/shadow-down5	浮いた表現にするカードに指定する

--- Point ---
影は、バリアブルに対応していません（2024年6月現在）。

コンポーネント①

Stockpile UIのコンポーネントを、オリジナルアプリ用に調整するために、コピー&ペーストし、名前を変え、Chapter 4のLesson 3で用意したファウンデーションを指定します。

Keyword　#コンポーネント #バリアブル #スタイル

コンポーネントをコピー&ペーストし、名前を変更する

Stockpile UIのコンポーネント内で必要なものを、Chapter 4・5向けにコピー&ペーストします。コピー&ペーストするコンポーネントは以下の通りです。

- formInput
- Input
- fixedButton
- tab

- header
- radiobutton
- segmentControls
- card

- dropDownMenu
- list
- modal

オリジナルアプリで使用するコンポーネントをコピー&ペーストする

❶［Stockpile UI］ファイルの［コンポーネント］ページから、ピザのデリバリーアプリで使用するコンポーネントを選択し、コピーします。

Point

最低限コンポーネントだけコピー&ペーストできていれば問題ありませんが、［fill］や［medium］などのコンポーネントの小さい見出しも一緒にコピー&ペーストすると、一覧性が高まります。Chapter 4・5では、コンポーネントだけをコピー&ペーストする形で制作を進めます。

❷［オリジナルアプリのコンポーネント］ページを開き、コピーしたコンポーネントをペーストします（図4-4）。

2つの異なるファイルを開いてコピー&ペーストします

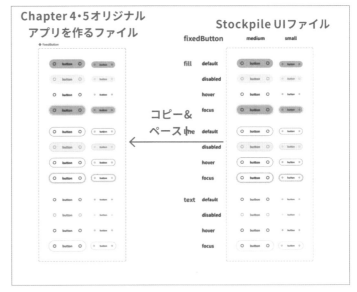

図4-4 コンポーネントをコピー&ペースト

コンポーネントのインスタンスの切り離しをする

コンポーネントのうちバリアントが登録されていないものは、コピー&ペーストするとインスタンスとして生成されてしまいます。これをマスターコンポーネントとしたいため、❶コンポーネントを右クリックし、❷［インスタンスの切り離し］を選択します。そのまま再度右クリックして［コンポーネントの作成］をクリックするか、要素を選択した状態で Alt （Macでは option ）+ Ctrl （Macでは ⌘ ）+ K キーを押します（図4-5）。インスタンスの切り離しをするとバリアブルも解除されてしまいます。Chapter 3で作成したコンポーネントと同様に、コンポーネントプロパティも指定します。

コンポーネントの作成→37ページ

インスタンスの切り離しが必要なコンポーネントは以下です。

- formInput
- card
- modal

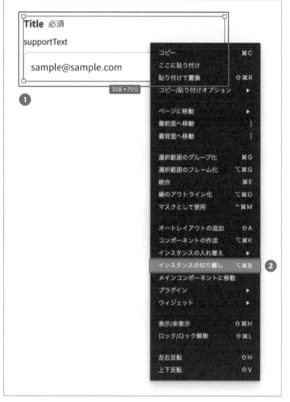

図4-5 インスタンスを切り離す

コンポーネントの名前を変更する

コンポーネント名をオリジナルアプリで使用するための名前に変更します。コンポーネントのフレーム名をダブルクリックし、「Pizza/コンポーネント名」となるように変更します。この作業を、コンポーネントの数だけ繰り返していきます（図4-6）。

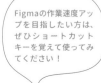

Figmaの作業速度アップを目指したい方は、ぜひショートカットキーを覚えて使ってみてください！

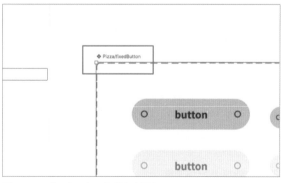

図4-6 コンポーネントの名前を変更する

コンポーネントを調整する

コピー&ペーストしたコンポーネントに、Lesson 2で登録したバリアブルやスタイルを当てます。コンポーネント別に解説します。

input

カラーを以下の表のように変更します（図4-7）。

変更前	変更後	変更前	変更後
Stockpile/Text/primary	Pizza/Text/primary	Stockpile/Background/disabled	Pizza/Background/disabled
Stockpile/Text/placeholder	Pizza/Text/placeholder	Stockpile/Border/key-primary	Pizza/Border/key-primary
Stockpile/Icon/primary	Pizza/Icon/primary	Stockpile/Text/error	Pizza/Text/error
Stockpile/Icon/disabled	Pizza/Icon/disabled	Stockpile/Border/error	Pizza/Border/error
Stockpile/Border/primary	Pizza/Border/primary	Stockpile/Background/primary	Pizza/Background/primary
Stockpile/Border/secondary	Pizza/Border/secondary	Stockpile/Background/error	Pizza/Background/error
Stockpile/Border/disabled	Pizza/Border/disabled		

図4-7 inputのカラー変更後

formInput

[formInput] コンポーネントを調整します。

Stockpile UIのインスタンスから、オリジナルアプリ用のインスタンスに差し替える

[Pizza/formInput]コンポーネントには[Stockpile UI]インスタンスの[input]が指定されたままになっています。これを、オリジナルアプリ用に作成した [Pizza/input] に差し替えます。

1 オリジナルアプリ用にコピー&ペーストした[formInput]コンポーネントに含まれる「input」コンポーネントを選択します。右サイドバーの❶[インスタンスの入れ替え]をクリックします。

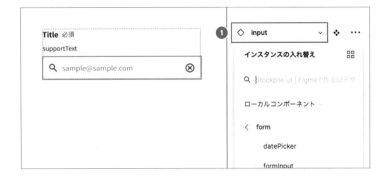

2 コンポーネントを❷[Pizza/input] に差し替えます。このとき、検索フォームに「Pizza/input」と入力すると見つけやすいです。

テキストプロパティを使用する

[title] テキスト、[supportText] テキストに [テキストプロパティ] を使用します。

テキストプロパティを作成→46ページ

ブール値のプロパティを使用し、カラーを変更する

「title」「supportText」「必須」テキストに［ブール値のプロパティ］を使用します。

ブール値プロパティを作成→46ページ

「title」「supportText」「必須」テキストのカラーを以下の表のように変更します（図4-8）。

変更前	変更後
Stockpile/Text/primary	Pizza/Text/primary
Stockpile/Text/attention	Pizza/Text/error

図4-8 formInputのカラー変更後

fixedButton

カラーを以下の表のように変更します（図4-9）。

変更前	変更後
Stockpile/Text/primary	Pizza/Text/primary
Stockpile/Text/disabled	Pizza/Text/disabled
Stockpile/Text/key	Pizza/Text/Key
Stockpile/Icon/primary	Pizza/Icon/primary
Stockpile/Icon/disabled	Pizza/Icon/disabled
Stockpile/Border/key-primary	Pizza/Border/border
Stockpile/Border/key-secondary	Pizza/Border/key-secondary
Stockpile/Border/secondary	Pizza/Border/secondary
Stockpile/Border/disabled	Pizza/Border/disabled

変更前	変更後
Stockpile/Background/disabled	Pizza/Background/disabled
Stockpile/Key/primary	Pizza/Background/key-primary
Stockpile/Background/key	Pizza/Key/primary
Stockpile/Background/hover	Pizza/Background/hover
Stockpile/Background/selected	Pizza/Background/selected

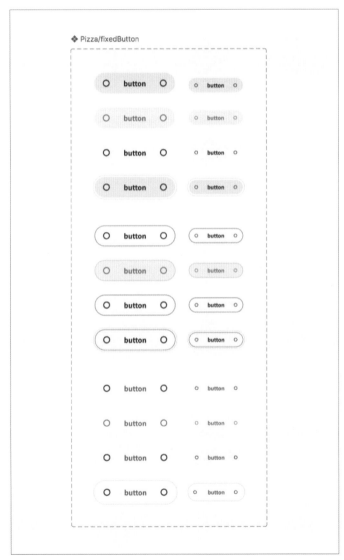

図4-9 fixedButtonのカラー変更後

tab

カラーを以下の表のように変更します（図4-10）。

変更前	変更後
Stockpile/Text/primary	Pizza/Text/primary
Stockpile/Text/disabled	Pizza/Text/disabled
Stockpile/Text/key	Pizza/Text/key
Stockpile/Border/primary	Pizza/Border/primary
Stockpile/Border/key-secondary	Pizza/Key/tertiary
Stockpile/Border/disabled	Pizza/Border/disabled
Stockpile/Background/primary	Pizza/Background/primary
Stockpile/Background/disabled	Pizza/Background/disabled
Stockpile/Background/hover	Pizza/Background/hover

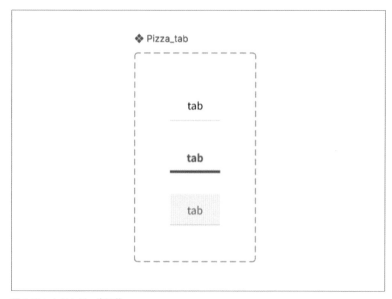

図4-10 tabのカラー変更後

コンポーネント②

Chapter 4のLesson 4に続き、Lesson 3で用意したファウンデーションを指定します。

Keyword #コンポーネント #バリアブル #スタイル

header

Stockpile UIの要素から、オリジナルアプリ用の要素に差し替える

オリジナルアプリ用にコピー＆ペーストした [header] コンポーネントのロゴを「とろけるデリバリーピザ」のロゴに差し替えます。PCで表示される [header] コンポーネントから調整していきます。その後、タブレットとスマートフォンで表示されるものも調整します。

1 バリアントのプロパティの [device] が [desktop] になっているものから調整します。[オリジナルアプリのコンポーネント] ページにある [logo] コンポーネントのバリアントのプロパティで **①** [type] が [1line]、[size] が [medium] のロゴを選択し、コピーします。

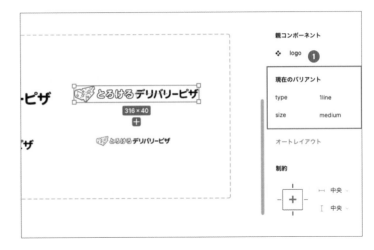

2 [header] コンポーネントの **②** [dummyLogo] の長方形と同じフレーム内に、**③ ①** でコピーした [logo] コンポーネントをペーストし、**②** [dummyLogo] を削除します。

これは [dummyLogo] が残っている状態です。この後、[dummyLogo] を削除します

267

3 バリアントのプロパティ で[device] が[tablet] [smartphone] の調整もし ます。コンポーネント[logo] のバリアントのプロパティで ❹ [type] が[1line]、[size] が [small] のロゴを選択し、コピー します。

4 [header] コンポーネントに含 まれている[tab] コンポーネン トを[Pizza/tab] コンポーネン トに差し替えます。❺ [tab] コ ンポーネントを選択し、右サイド バーの ❻ [インスタンスの入れ 替え] プルダウンを開きます。

5 [Pizza/tab] を選択し、入れ替え ます。「tab」が合計3つになるよ うに3つ削除し、「fixedButton」 を削除します。

完成 入れ替えができました。

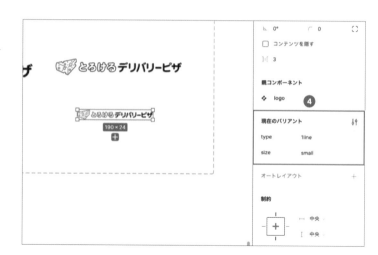

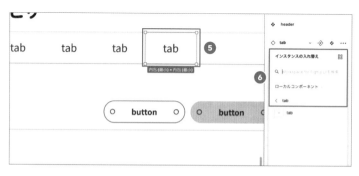

[header]の線と背景のカラーを以下の表のように変更します（図4-11）。

変更前	変更後
Stockpile/Border/primary	Pizza/Border/primary
Stockpile/Background/primary	Pizza/Background/primary
Stockpile/Text/primary	Pizza/Text/primary
Stockpile/Icon/primary	Pizza/Icon/primary

コンポーネントに 使用するロゴは、 SVGファイルで書 き出せるようにし ています

図4-11 カラー変更後

radiobutton

カラーを以下の表のように変更します（図4-12）。

変更前	変更後
Stockpile/Text/primary	Pizza/Text/primary
Stockpile/Border/key-primary	Pizza/Border/key-primary
Stockpile/Background/primary	Pizza/Background/primary
Stockpile/Background/key	Pizza/Background/key-secondary

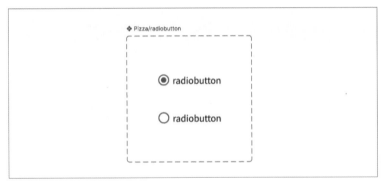

図4-12 radiobuttonのカラー変更後

segmentControls

カラーを以下の表のように変更します（図4-13）。

変更前	変更後
Stockpile/Text/primary	Pizza/Text/primary
Stockpile/Text/key	Pizza/Text/key
Stockpile/Border/primary	Pizza/Border/primary
Stockpile/Border/key-secondary	Pizza/Border/key-secondary
Stockpile/Background/primary	Pizza/Background/primary
Stockpile/Background/hover	Pizza/Background/hover

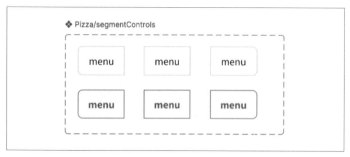

図4-13 segmentControlsのカラー変更後

card

コンポーネントのサイズを変更し、要素を減らす

1 ❶[card] を選択し、❷[size-160]を指定します。❸[radius-1] を指定します。❹[コンテンツを隠す]にチェックを入れます。

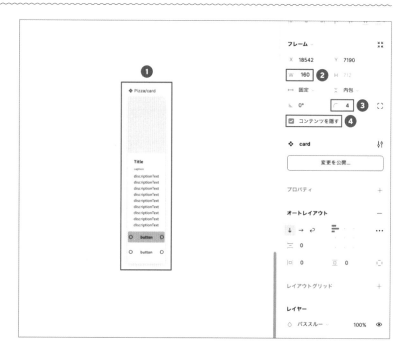

2 [description] のテキストに [price] と入力します。

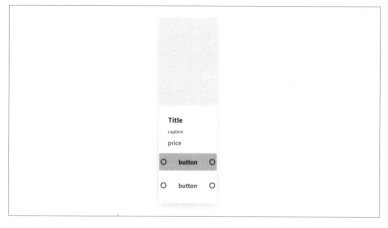

3 レイヤー名 [caption] のテキスト
と、[fixedButton] のバリアントの
[variant] が [text] のものを削除しま
す。

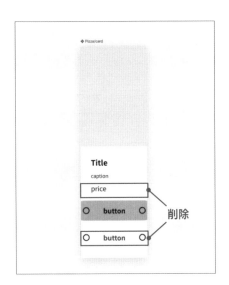

削除

完成 コンポーネントの要素を減らすことが
できました。

コンポーネントに含まれる要素を調整する

バリアントの [variant] が [fill]
の [size] を [small] にします。

1 レイヤー名❶ [contents]
をクリックし、❷ [size-
16] を指定します。❸
[size-160] を指定し、❹
[固定] にします。❺ [間
隔自動・中央揃え] にしま
す。

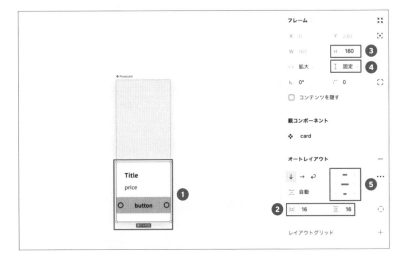

2 レイヤー名❻ [image] の
四角形を選択し、❼ [size-
120] を指定します。

[title] テキストには [titleText]
という名前のテキストプロパ
ティを、[price] テキストには
[priceText] という名前のテキ
ストプロパティを作成します。

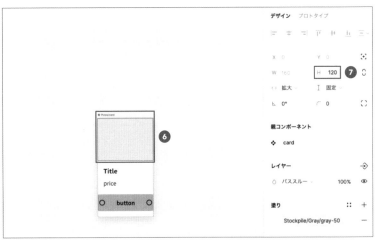

3 [fixedButton] コンポーネントを選択し、[Pizza/fixedButton] にインスタンスの入れ替えをします。[card] コンポーネント全体を選択し、[プロパティ] の [+] アイコンから ❶ [ネストされたインスタンス] の ❷ [fixedButton] にチェックを入れます。

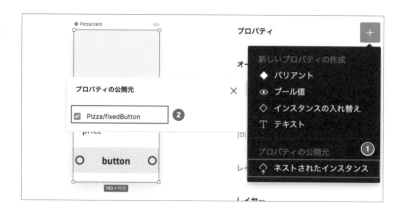

4 [fixedButton] を選択し、バリアントの [size] を [small] にします。

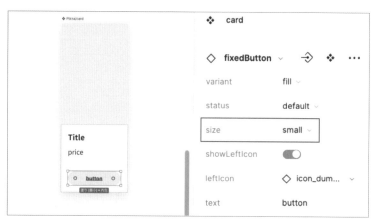

完成 コンポーネントの要素の調整ができました。

カラーを変更する

カラーを以下の表のように変更します（図4-14）。

変更前	変更後
Stockpile/Text/primary	Pizza/Text/primary
Stockpile/Background/primary	Pizza/Background/primary
Stockpile/Background/disabled	Pizza/Key/Background/disabled

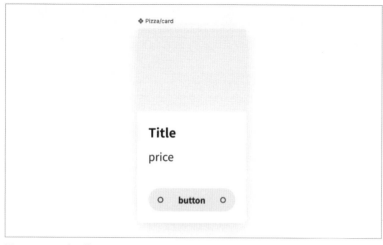

図4-14 カラー変更後

dropDownMenu

カラーを以下の表のように変更します（図4-15）。

変更前	変更後
Stockpile/Text/primary	Pizza/Text/primary
Stockpile/Icon/primary	Pizza/Icon/primary
Stockpile/Border/primary	Pizza/Border/border
Stockpile/Background/primary	Pizza/Background/primary
Stockpile/Background/hover	Pizza/Background/hover

図4-15 dropDownMenuのカラー変更後

list

カラーを以下の表のように変更します（図4-16）。

変更前	変更後
Stockpile/Text/primary	Pizza/Text/primary
Stockpile/Text/key	Pizza/Text/key
Stockpile/Icon/primary	Pizza/Icon/primary
Stockpile/Border/primary	Pizza/Border/primary
Stockpile/Background/primary	Pizza/Background/primary
Stockpile/Background/hover	Pizza/Background/hover

図4-16 listのカラー変更後

Stockpile UIのインスタンスから、オリジナルアプリ用のインスタンスに差し替える

[Pizza/modal] コンポーネントにはStockpile UIインスタンスの [fixedButton] が2つ指定されたままになっています。これを、オリジナルアプリ用に作成した [Pizza/fixedButton] に2つとも差し替えます。

1 オリジナルアプリ用にコピー＆ペーストした [fixedButton] コンポーネントを選択し、右サイドバーの **❶** コンポーネント名称のプルダウンをクリックします。**❷** インスタンスの入れ替えメニューを開き、[Pizza/fixedButton] をクリックします。

2 [modal] コンポーネント全体を選択し、[プロパティ] の [＋] アイコンから **❶** [ネストされたインスタンス] → **❷** [fixedButton] にチェックを入れます。

完成 インスタンスの差し替えが完了しました。

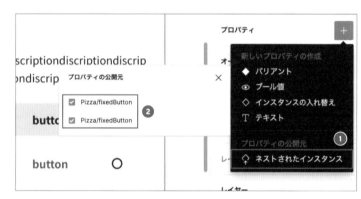

テキストプロパティを使用する
[title] テキスト、[discriptionText] テキストに [テキストプロパティ] を使用します。

テキストプロパティを作成→46ページ

ブール値のプロパティを使用する
[title] テキスト、[discriptionText] テキストに [ブール値のプロパティ] を使用します。

ブール値プロパティを作成→46ページ

カラーを変更する

　modalのテキストと背景のカラーを以下の表のように変更します（図4-17）。

変更前	変更後
Stockpile/Text/primary	Pizza/Text/primary
Stockpile/Background/primary	Pizza/Background/primary

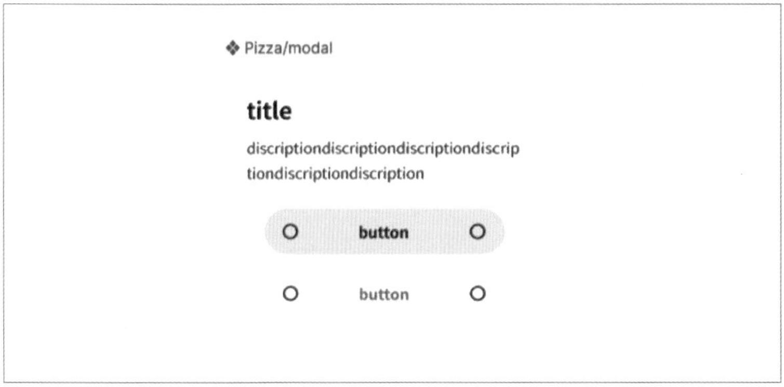

図4-17 modalのカラー変更後

オリジナルアプリを作る

Chapter 4で用意したファウンデーション・コンポーネントを
使用し、ピザのデリバリーアプリを作成します。
サンプルファイルにある素材を使用し、
実際に商品が並んでいるような画面にします。

ログイン

Chapter 4で調整したStockpile UIのファウンデーションとコンポーネントを使い、ログイン画面を作ります。要素の余白にバリアブルを指定し、フォントにスタイルを指定します。

Keyword #ログイン画面

画面の要素

画面には以下の要素があります。

要素の種類	詳細
ロゴ	アプリのロゴ。今回は架空のピザチェーン店の「とろけるデリバリーピザ」のロゴを配置
画面タイトル	本画面の目的を伝えるためのタイトル
メールアドレス入力フォーム	ログインに必要なメールアドレスを入力するためのフォーム。必須入力
パスワード入力フォーム	ログインに必要なパスワードを入力するためのフォーム。必須入力
パスワードを忘れた方はこちらボタン	パスワードを忘れた人が、パスワードを再発行するための画面に移動するボタン。ログイン画面上で使われる頻度やユーザーにとっての優先度が低いため、バリアントの「text」を使用する
ログインボタン	メールアドレスとパスワードを入力した後に押すことで、ログインが完了するボタン。ログイン画面上で使われる頻度やユーザーにとっての優先度が高いため、バリアントの「fill」を使用する
アカウント作成ボタン	アカウント登録をしていないユーザーが、アカウント登録をするための画面に移動するボタン。ログイン画面上で使われる頻度やユーザーにとっての優先度が低いため、バリアントの「text」を使用する

画面の要素を用意する

画面の要素は、新しく作るものもあれば、Chapter 4で作成したオリジナルアプリのコンポーネントを使用するものもあります。オリジナルアプリのコンポーネントを使用する場合は、［アセット］の［ローカルコンポーネント］→［オリジナルアプリのコンポーネント］からコンポーネントを選択し、［オリジナルアプリ］ページにある［作業用］セクションに並べます。

コンポーネントを利用する→39ページ

まずはスマートフォン用の要素から用意しましょう。用意する要素を、ログイン画面で扱うコンポーネントのまとまり別に紹介します。

ロゴ

[アセット] の [ローカルコンポーネント] → [オリジナルアプリのコンポーネント] から [Pizza/logo] を配置し、コンポーネントプロパティの [type] を [2line] に、[size] を [small] に指定します（図5-1）。

図5-1 ロゴ

画面タイトル

画面タイトルは、テキストで作成します（図5-2）。
テキストツールでテキストを作成し、「ログイン」と入力します。[テキストスタイル] に ❶ [Stockpile/Bold/bold-24] を指定します。[塗り] にバリアブルの ❷ [Pizza/Text/primary] を指定します。

図5-2 画面タイトル

▍フォーム

[アセット] の [ローカルコンポーネント] → [オリジナルアプリのコンポーネント] から [Pizza/formInput] を2つ配置します。

① 1つ目のコンポーネントを作成します。[titleLabel] に ❶「メールアドレス」と入力し、❷ [showSupportText] と [showLeftIcon] をオフにします。

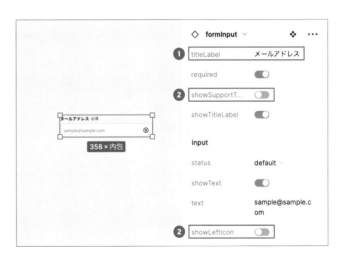

2 2つ目のコンポーネントを作成します。[titleLabel] に ❸「パスワード」と入力し、❹ [showSupportText] と ❺ [showText] ❻ [showLeftIcon] をオフにします。

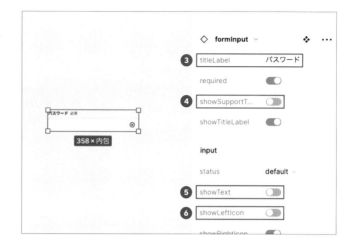

完成 フォームのコンポーネントが完成しました。

ボタン

[アセット] の [ローカルコンポーネント] → [オリジナルアプリのコンポーネント] から [Pizza/ fixedButton] を2つ配置します。

1 1つ目のコンポーネントを作成します。コンポーネントプロパティを ❶ [text]、❷ [small] にします。❸ [show LeftIcon] と ❹ [showRightIcon] をオフにし、❺「パスワードを忘れた方はこちら」と入力します。

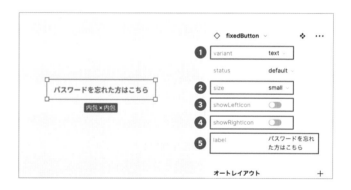

2 2つ目のコンポーネントを作成します。コンポーネントプロパティの ❻ [showLeftIcon] と ❼ [showRightIcon] をオフにし、❽「ログイン」と入力します。

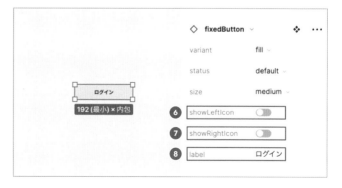

3 さらに、1つ目のコンポーネントとして作成した「パスワードを忘れた方はこちら」のボタンをコピー&ペーストし、もう1つボタンを作成します。❾「アカウント作成」と入力します。

完成 ボタンのコンポーネントができました。

画面の要素を並べる

オートレイアウトを使って、画面の要素に余白を指定し並べます。

オートレイアウト→19ページ

画面の要素を並べる

ログインボタンとアカウント作成ボタンに［オートレイアウト］を使用します。

1 オートレイアウトの値を❶［縦に並べる］にし、❷［上揃え（中央）］にします。❸［アイテムの上下の間隔］に［Pizza/size-8］を指定し、❹［水平パディング］と❺［垂直パディング］に［Pizza/size-0］を指定します。

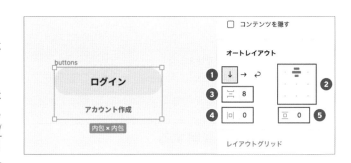

2 パスワード入力フォームとパスワードを忘れた方はこちらボタンに［オートレイアウト］を使用します。オートレイアウトの値を❻［縦に並べる］にし、❼［上揃え（中央）］にします。❽［アイテムの上下の間隔］に［Pizza/size-8］を指定し、❾［水平パディング］［垂直パディング］に［Pizza/size-0］を指定します。

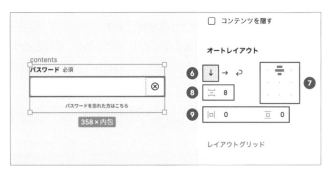

3 「パスワード入力フォーム」と「パスワードを忘れた方はこちらボタン」に加えて、画面タイトルと「メールアドレス入力フォーム」にオートレイアウトを使用します。オートレイアウトの値を ⑩ [縦に並べる] にし、⑪ [上揃え（中央）] にします。⑫ [Pizza/size-24] を指定し、⑬ [Pizza/size-0] を指定します。

4 さらに、すでにオートレイアウトが設定されているログインボタンとアカウント作成ボタンにオートレイアウトを使用します。オートレイアウトの値を ⑭ [縦に並べる] にし、⑮ [上揃え（中央）] にします。⑯ [Pizza/size-32] を指定し、⑰ [Pizza/size-0] を指定します。

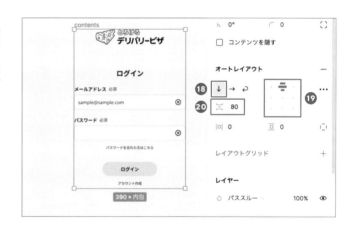

5 最後に、ロゴと合わせてオートレイアウトを指定します。オートレイアウトの値を ⑱ [縦に並べる] にし、⑲ [上揃え（中央）] にします。⑳ [アイテムの上下の間隔] に [Pizza/size-80] を指定します。

完成 要素を並べることができました。

端末別の画面に展開する

　「画面の要素を並べる」で用意したコンポーネントのまとまりを選択し、スマートフォン、タブレット、パソコンのそれぞれで使うために3つに複製します。

　3つのコンポーネントのまとまりのレイヤー名に、それぞれ「login-smartphone」「login-tablet」「login-pc」と入力します。

3つに複製する

login-smartphone

login-tablet

login-PC

図5-3 端末別の画面

スマートフォン用に複製する

[login-smartphone] 全体を選択し、塗りの色のバリアブルに [Pizza/Background/primary] を指定します。

1 フレームパネルの値を ❶ [固定] にし、❷「390」を入力します。❸ [最小高さを追加] を選択し、「844」と入力します。❹ [コンテンツを内包] にします。オートレイアウトパネルの ❺ [Pizza/size-16] を、❻ [Pizza/size-80] を指定します。

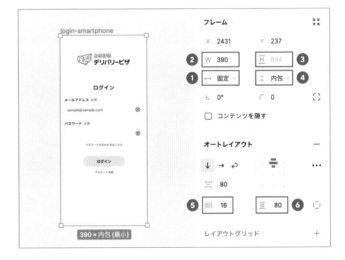

2 メールアドレス入力フォーム、パスワード入力フォームの横幅を広げます。❼ [form] を選択し、❽ [水平方向のサイズ調整] を [コンテナに合わせて拡大] にします。

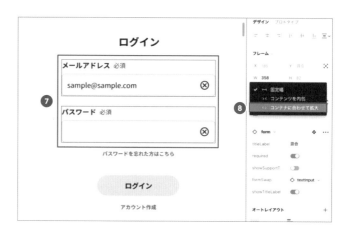

完成 スマートフォン画面が完成しました。

Point

Chapter 4・5では、スマートフォンのサイズをiPhone 13・14と同じ、幅390、高さ844にしています。

タブレット用に複製する

[login-tablet]全体を選択し、塗りの色のバリアブルに[Pizza/Background/primary]を指定します。

1 コンポーネントの[logo]の[size]を[medium]にします。フレームパネルの値を ❶[固定]にし、❷[最大幅を追加]を選択し、「768」を入力します。オートレイアウトパネルの ❸[パディング（個別）]を選択し、❹[Pizza/size-16]を、❺[Pizza/size-80]を、❻[Pizza/size-0]を指定します。

2 フレームパネルの値を ❼[固定]にし、❽「834」を入力します。❾[最小高さを追加]を選択し、「1194」と入力します。❿[コンテンツを内包]にします。

3 オートレイアウトの値を設定します。⓫[縦に並べる]にし、⓬[上揃え（中央）]にします。⓭[Pizza/size-0]を指定します。⓮[Pizza/size-0]を指定します。

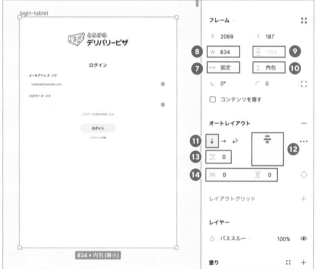

4 メールアドレス入力フォーム、パスワード入力フォームの横幅を広げます。⓯[form]を選択し、⓰[コンテナに合わせて拡大]にします。

完成 タブレット画面ができました。

> **Point**
>
> Chapter 4・5では、タブレットのサイズ
> をiPad Pro 11と同じ、幅834、高さ1,194
> にしています。

パソコン用に複製する

[login-pc] に含まれている、コンポーネントの
[logo] の [size] を [medium] にします。

1 フレームパネルの値を **①** [固定] にし、
② [最大幅を追加] を選択し、「960」を
入力します。オートレイアウトパネル
の **③** [パディング（個別）] を選択し、**④**
[Pizza/size-16] を、**⑤** [Pizza/size-
80] を、**⑥** [Pizza/size-0] を指定します。

2 [login-pc] 全体を選択し、塗りの色の
バリアブルに [Pizza/Background/
primary] を指定します。フレームパネ
ルの値を **⑦** [固定] にし、**⑧** 「1440」を
入力します。**⑨** [最小高さを追加] を選
択し、「1024」と入力します。**⑩** [コンテ
ンツを内包] にします。

3 オートレイアウトの値を設定します。
⑪ [縦に並べる] にし、**⑫** [上揃え（中
央）] にします。**⑬** [Pizza/size-0] を指
定します。**⑭** [Pizza/size-0] を指定し
ます。

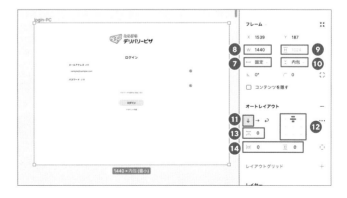

4 メールアドレス入力フォーム、パスワード入力フォームの横幅を広げます。⑮ [form]を選択し、⑯ [コンテナに合わせて拡大]にします。

完成 パソコン画面ができました。

> **Point**
> Chapter 4・5では、パソコンのデスクトップのサイズを幅1,440、高さ1,024としています。

ログイン画面のスマートフォン、タブレット、パソコン表示が完成しました。

もっと知りたい | **グループとセクション**

パソコン・タブレット・スマホといった異なる画面サイズに合わせて表示を調整する仕様のことをレスポンシブデザインといいます。
端末が変わると表示が調整されるため、各端末をどのサイズまで対応するかを決める必要があります。

Chapter 4・5では、パソコン表示からタブレット表示に切り替わるポイントを幅960px、タブレット表示からスマートフォン表示に切り替わるポイントを幅768pxとしています。

> 仕事では、画面のバランスや要素の余白の確認のため、ちょこちょこプレビュー機能で確認しながらデザインをすることが多いです

パスワード再発行

パスワードを忘れた人用に、入力したメールアドレス宛にパスワード再発行リンクを送信するための画面を作成します。

Keyword　#パスワード再発行画面

画面の要素

画面には以下の要素があります。

要素の種類	詳細
ヘッダー	ログイン前のため、表示する項目がアプリロゴのみ
画面タイトル	本画面の目的を伝えるためのタイトル
画面の説明	詳細を伝えるための説明文
メールアドレス入力フォーム	パスワード再発行に必要なパスワード再発行リンクを送信するメールアドレスを入力するためのフォーム。必須入力
送信ボタン	パスワード再発行リンクを送信するメールアドレスを入力した後に押すと、メールが送信されるボタン。画面上に1つしかないボタンのため、塗りのボタンを使用する

画面の要素を用意する

Chapter 5のLesson 1と同じように、まずはスマートフォン用の要素から用意しましょう。用意する要素を、パスワード再発行画面で扱うコンポーネントのまとまり別に紹介します。

テキストを入力する

1　画面タイトルを、テキストで作成します。テキストツールでテキストを作成し、❶「パスワード再発行」と入力します。❷[Stockpile/Bold/bold-32]を指定します。[塗り]にバリアブルの❸[Pizza/Text/primary]を指定します。

2 次に、画面の説明をテキストで作成します。テキストツールでテキストを作成し、❹「登録いただいたメールアドレスを入力いただくと、パスワード再発行リンクを送信します。」と入力し、❺ [Stockpile/Bold/regular-16] を指定します。[塗り] にバリアブルの ❻ [Pizza/Text/primary] を指定します。

完成 テキストが入力できました。

> これで、テキストの用意を終えました。テキストの配置位置は「画面の要素を並べる」でそろえるので、現段階では近くに配置しておく程度で大丈夫です

ヘッダー

[アセット] の [ローカルコンポーネント] → [オリジナルアプリのコンポーネント] から [Pizza/header] を配置します。コンポーネントプロパティの ❶ [device] を [mobile] に指定し、❷ [status] をオンのままにします（図5-4）。

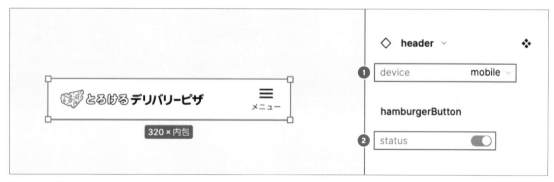

図5-4 ヘッダー

フォーム

　Lesson 1で使用した［メールアドレス入力フォーム］のコンポーネントを選択し、そのままコピー＆ペーストします（図5-5）。

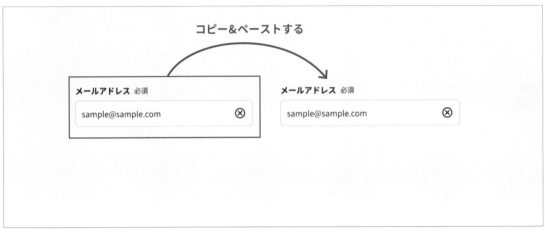

図5-5 フォーム

ボタン

　［アセット］の［ローカルコンポーネント］→［オリジナルアプリのコンポーネント］から［Pizza/fixedButton］を配置します。コンポーネントプロパティの❶［showLeftIcon］と❷［showRightIcon］をオフにし、❸「送信する」と入力します。

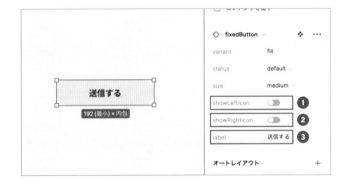

画面の要素を並べる

1　画面タイトルと画面の説明、メールアドレス入力フォームにオートレイアウトを使用します。オートレイアウトの値を❶［縦に並べる］にし、❷［上揃え（中央）］にします。❸［Pizza/size-24］を指定し、❹［Pizza/size-16］を、❺［Pizza/size-0］を指定します。

2 「送信するボタン」と手順1の要素を合わせて<u>オートレイアウト</u>を指定します。オートレイアウトの値を **6**［縦に並べる］にし、**7**［上揃え（中央）］にします。**8**［Pizza/size-32］を指定します。**9**［パディング（個別）］を選択し、**10**［Pizza/size-0］を、**11**［Pizza/size-40］を、**12**［Pizza/size-0］を指定します。

3 ヘッダーと合わせてオートレイアウトを指定します。オートレイアウトの値を **13**［縦に並べる］し、**14**［上揃え（中央）］、**15**［Pizza/size-0］を指定し、**16**［Pizza/size-0］を、**17**［Pizza/size-0］を指定します。

完成 要素を並べることができました。

端末別の画面に展開する

「画面の要素を並べる」で用意したコンポーネントのまとまりを選択し、スマートフォン、タブレット、パソコンのそれぞれで使うために3つに複製します。3つのコンポーネントのまとまりのレイヤー名に、それぞれ「password-smartphone」「password-tablet」「password-pc」と入力します。

スマートフォン用に複製する

1 ［password-smartphone］全体を選択し、塗りの色にバリアブルの［Pizza/Background/secondary］を指定します。フレームパネルの値を **1**［固定］にし、**2**「390」を入力します。**3**［最小高さを追加］を選択し、「844」と入力します。**4**［コンテンツを内包］にします。

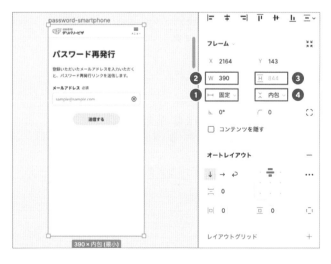

2 コンポーネントのサイズを画面に合わせます。ヘッダー、画面タイトル、画面の説明、メールアドレス入力フォームの横幅を広げます。**⑤** [header] [画面タイトル] [画面の説明] [form] を選択し、**⑥** [コンテナに合わせて拡大] にします。

ここではすべて同時に選択して [水平方向のサイズ調整] を [コンテナに合わせて拡大] にしていますが、1つずつ選択して [コンテナに合わせて拡大] にしてもOKです

完成 スマートフォン画面ができました。

タブレット用に複製する

1 「password-tablet」を選択し、塗りの色のバリアブルに [Pizza/Background/secondary] を指定します。

2 コンポーネントの [header] の [device] を [tablet] にします。

3 フレームパネルの値を **①** [固定] にし、**②** 「834」を入力します。**③** [最小高さを追加] を選択し、「1194」と入力します。**④** [コンテンツを内包] にします。

4 画面タイトル、画面の説明、メールアドレス入力フォーム、ボタンに設定したオートレイアウトを選択します。フレームパネルの値を **5** [コンテナに合わせて拡大]にし、**6** [最大幅を追加]を選択し、「768」を入力します。

5 コンポーネントのサイズを画面に合わせます。ヘッダー、画面タイトル、画面の説明、メールアドレス入力フォームの横幅を広げます。[header][画面タイトル][画面の説明][form]を選択し、[コンテナに合わせて拡大]にします。

完成 タブレット画面ができました。

パソコン用に複製する

1 「password-pc」を選択し、塗りの色のバリアブルに[Pizza/Background/secondary]を指定します。

2 コンポーネントの[header]の[device]を[desktop]にします。

3 フレームパネルの値を **1** [固定]にし、**2** 「1440」を入力します。**3** [最小高さを追加]を選択し、「1024」と入力します。**4** [コンテンツを内包]にします。

4 画面タイトル、画面の説明、メールアドレ
ス入力フォーム、ボタンに設定したオー
トレイアウトを選択します。フレームパ
ネルの値を **5**［コンテナに合わせて拡
大］にし、**6**［最大幅を追加］を選択し、
「960」を入力します。

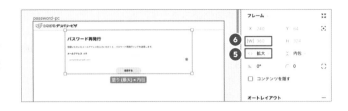

5 コンポーネントのサイズを画面に合わせ
ます。ヘッダー、画面タイトル、画面の説
明、メールアドレス入力フォームの横幅
を広げます。［header］［画面タイトル］
［画面の説明］［form］を選択し、［コンテ
ナに合わせて拡大］にします。

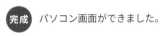

完成 パソコン画面ができました。

これで、パスワード再発行画面のスマートフォン、タブレット、パソコン表示の作成は完了です。

マイページ

マイページは、登録したユーザー情報を確認するための画面です。登録した情報が一覧で表示されています。

Keyword #マイページ画面

画面の要素

画面には以下の要素があります。

要素の種類	詳細
ヘッダー	ログイン後の画面のため、アプリロゴとメニューを表示する
画面タイトル	本画面の目的を伝えるためのタイトル
登録した情報リスト	ユーザーが登録した情報のリスト。それぞれ選択すると詳細画面に移動する
ログアウトボタン	選択するとログアウトするボタン。画面上の使用頻度や優先度が最も低いため、テキストのボタンを使用する

画面の要素を用意する

まずはスマートフォン用の要素から用意しましょう。用意する要素を、マイページ画面で扱うコンポーネントのまとまり別に紹介します。

テキスト

画面タイトルを作成します。テキストツールでテキストを作成し、「マイページ」と入力します。❶ [Stockpile/Bold/bold-32] を指定します。バリアブルの ❷ [Pizza/Text/primary]を指定します。

ヘッダー

　［アセット］の［ローカルコンポーネント］→［オリジナルアプリのコンポーネント］から［Pizza/header］を配置します。コンポーネントプロパティの［device］を［mobile］に指定し、［status］をオンにします。

リストを作成する

1　［アセット］の［ローカルコンポーネント］→［オリジナルアプリのコンポーネント］から［Pizza/list］を4つ配置します。

2　4つとも、コンポーネントプロパティの❶［showLeftIcon］をオフにし、❷［rightIconSwap］の［インスタンスの選択］から［icon_arrow_right_24］を指定します。❸［listText］にそれぞれ「会員情報」「支払い方法」「注文履歴」「通知設定」と入力します。

完成　リストができました。

ボタンを用意する

1　［アセット］の［ローカルコンポーネント］→［オリジナルアプリのコンポーネント］から［Pizza/fixedButton］を配置します。

2　コンポーネントプロパティの❶［variant］を［text］に、❷［size］を［small］にします。❸［showLeftIcon］と❹［showRightIcon］をオフにし、❺［text］に「ログアウト」と入力します。

完成 ボタンの用意ができました。

画面の要素を並べる

1 4つの「list」コンポーネントに［オートレイアウト］を使用します。オートレイアウトの値を ❶［縦に並べる］にし、❷［上揃え（左）］にします。❸［アイテムの上下の間隔］❹［水平パディング］❺［垂直パディング］に［Pizza/size-0］を指定します。

今回の場合、［上揃え（左）］の設定は［上揃え（中央）］［上揃え（右）］でも変わりません。どれを選んでも大丈夫です

2 4つの［list］コンポーネントと画面タイトルに［オートレイアウト］を使用します。オートレイアウトの値を ❻［縦に並べる］にし、❼［上揃え（中央）］にします。❽［Pizza/size-24］を指定し、❾［Pizza/size-0］を指定します。

3 さらにボタンと合わせて［オートレイアウト］を指定します。［オートレイアウト］の値を ❿［縦に並べる］にし、⓫［上揃え（中央）］にします。⓬［Pizza/size-32］を指定します。⓭［パディング（個別）］を選択し、⓮［Pizza/size-0］を、⓯［Pizza/size-40］を、⓰［Pizza/size-0］を指定します。

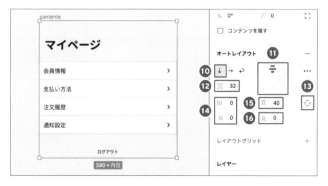

4 ヘッダーと合わせて［オートレイアウト］を指定します。［オートレイアウト］の値を❶［縦に並べる］にし、❶［上揃え（中央）］、❶［Pizza/size-0］を指定し、❷［Pizza/size-0］を指定します。

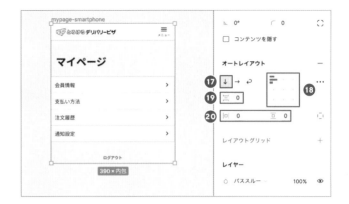

完成 要素を並べることができました。

端末別の画面に展開する

「画面の要素を並べる」で用意したコンポーネントのまとまりを選択し、スマートフォン、タブレット、パソコンのそれぞれで使うために3つに複製します。3つのコンポーネントのまとまりのレイヤー名に、それぞれ「mypage-smartphone」「mypage-tablet」「mypage-pc」と入力します。

スマートフォン用に複製する

1 ［mypage-smartphone］を選択し、塗りの色にバリアブルの［Pizza/Background/secondary］を指定します。

2 フレームパネルの値を❶［固定］にし、❷「390」を入力します。❸［最小高さを追加］を選択し、「844」と入力します。❹［コンテンツを内包］にします。

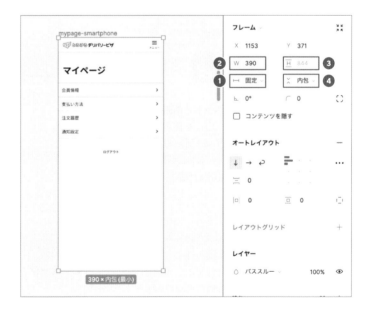

3 ❺「マイページ」と入力した画面タイトルと「list」4つを選択し、❻[水平方向のサイズ調整]を[コンテナに合わせて拡大]にします。

4 ❼[header]と画面タイトルと「list」4つに指定したオートレイアウトを選択し、❽[コンテナに合わせて拡大]にします。

完成 スマートフォン画面ができました。

タブレット用に複製する

1 「mypage-tablet」を選択し、塗りの色にバリアブルの[Pizza/Background/secondary]を指定します。

2 コンポーネントの[header]の[device]を[tablet]にします。

3 フレームパネルの値を **①** [固定]にし、**②** 「834」を入力します。**③** [最小高さを追加]を選択し、「1194」と入力します。**④** [コンテンツを内包]にします。

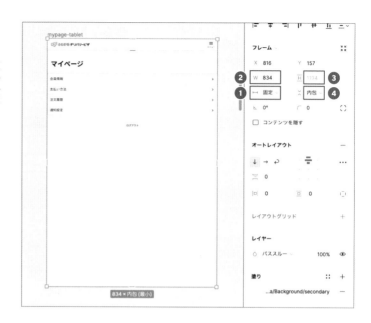

4 画面タイトル、登録した情報リスト、ログアウトボタンに設定したオートレイアウトを選択します。フレームパネルの値を **⑤** [拡大]にし、**⑥** [最大幅を追加]を選択し、「768」を入力します。

5 コンポーネントのサイズを画面に合わせます。「マイページ」と入力した画面タイトルと[list]コンポーネント4つを選択し、[コンテナに合わせて拡大]にします。

6 [header]と画面タイトルと[list]コンポーネント4つに指定したオートレイアウトを選択し、[コンテナに合わせて拡大]にします。

完成 タブレット画面ができました。

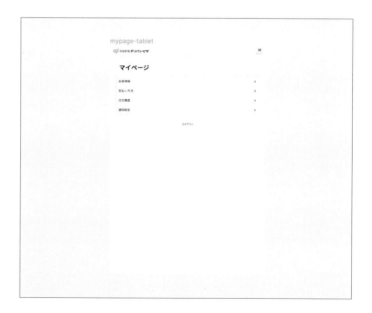

パソコン用に複製する

1 「mypage-pc」を選択し、塗りの色にバリアブルの[Pizza/Background/secondary]を指定します。

2 コンポーネントの[header]の[device]を[desktop]にし、[tab]に左から「カート」「お知らせ」「マイページ」と入力し、「マイページ」と入力した[tab]のコンポーネントプロパティの[status]を[selected]にします。

3 フレームパネルの値を❶[固定]にし、❷「1440」を入力します。❸[最小高さを追加]を選択し、「1024」と入力します。❹[コンテンツを内包]にします。

4 画面タイトル、画面の説明、メールアドレス入力フォーム、ボタンに設定したオートレイアウトを選択します。フレームパネルの値を❺[コンテナに合わせて拡大]にし、❻[最大幅を追加]を選択し、「960」を入力します。

5 コンポーネントのサイズを画面に合わせます。「マイページ」と入力した画面タイトルと「list」4つを選択し、[コンテナに合わせて拡大]にします。

6 [header]と画面タイトルと[list]コンポーネント4つに指定したオートレイアウトを選択し、[コンテナに合わせて拡大]にします。

完成 パソコン画面ができました。

> マイページ、アカウント画面、会員画面、設定……呼び方がいろいろ考えられる画面ですね。今回はユーザー自身の情報が集まっている点からマイページという名称にしてみましたが、ほかのアプリではどんな名前になっているか調べてみるとおもしろそうです！

これで、マイページ画面のスマートフォン、タブレット、パソコン表示の作成は完了です。

Chapter

5

Lesson

4

会員情報

ユーザーが登録した会員情報を確認し、編集する画面です。姓名の入力フォームや性別を選択するラジオボタンなど、複数のコンポーネントを組み合わせるものがあります。

Keyword #会員情報画面

画面の要素

画面には以下の要素があります。

要素の種類	詳細
ヘッダー	ログイン後の画面のため、アプリロゴとメニューを表示する
画面タイトル	本画面の目的を伝えるためのタイトル
姓、名（漢字）入力フォーム	会員登録に必要な姓、名の漢字を入力するフォーム。必須入力
姓、名（カナ）入力フォーム	会員登録に必要な姓、名のフリガナを入力するフォーム。必須入力
生年月日入力フォーム	会員登録に必要な生年月日を入力するフォーム。必須入力
メールアドレス入力フォーム	会員登録に必要なメールアドレスを入力するフォーム。必須入力
電話番号入力フォーム	会員登録に必要な電話番号を入力するフォーム。必須入力
性別選択ラジオボタン	会員登録に任意で性別を入力するためのラジオボタン
保存するボタン	入力した情報を保存するボタン。画面上の使用頻度や優先度が最も高いため、Fillを使用する
アカウントを削除するボタン	アカウントを削除するボタン。画面上の使用頻度や優先度が最も高いため、Textを使用する

画面の要素を用意する

　まずはスマートフォン用の要素から用意しましょう。用意する要素を、会員情報画面で扱うコンポーネントのまとまり別に紹介します。

画面タイトル

画面タイトルをテキストで作成します。テキストツールでテキストを作成し、「会員情報」と入力します。[テキストスタイル] に ❶ [Stockpile/Bold/bold-32] を指定し、❷ [左揃え] にします。[塗り] にバリアブルの ❸ [Pizza/Text/primary] を指定します（図5-6）。

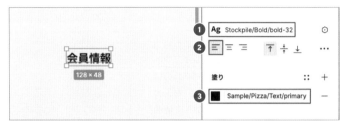

図5-6 画面タイトル

ヘッダー

　[アセット] の [ローカルコンポーネント] → [オリジナルアプリのコンポーネント] から [Pizza/header] を配置します。コンポーネントプロパティの [device] を [mobile] に指定し、[status] がオンになっているのを確認します。

フォーム

┃ 姓、名（漢字）入力フォームを作成する

1 [アセット] の [ローカルコンポーネント] → [オリジナルアプリのコンポーネント] から [Pizza/formInput] を2つ配置します。これら2つは後の「画面の要素を並べる」で横に並べます。今は、任意の位置に配置すれば問題ありません。

2 1つ目に ❶「姓（漢字）」と入力します。❷ [showSupportText] をオフにし、❸「山田」と入力します。

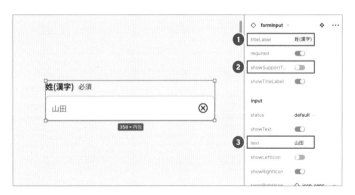

3 2つ目は、❹「名（漢字）」と入力します。❺ [showSupportText] をオフにし、❻ [text] に「直」と入力します。

4 2つのフォームにオートレイアウトを使用します。フレームパネルの値を❼ [固定] にし、❽「358」を入力します。オートレイアウトの値を❾ [横に並べる] にし、❿ [左揃え] にします。⓫ [Pizza/size-24] を、⓬ [Pizza/size-0] を指定します。

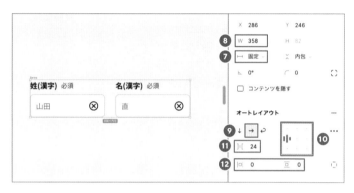

5 コンポーネントを1つずつ選択し、⓭ [拡大] にします。

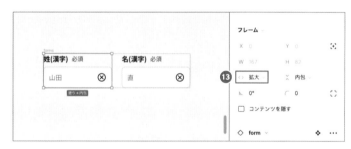

完成 姓、名（漢字）入力フォームができました。

姓、名（カナ）入力フォーム

姓、名（漢字）入力フォームをコピー&ペーストし、[titleLabel] と [text] の値を変えて姓、名（カナ）入力フォームを作ります。[titleLabel] に入力された「姓（漢字）」を「姓（カナ）」にし、「名（漢字）」を「名（カナ）」に変更します。[text] に入力された「山田」を「ヤマダ」にし、「直」を「ナオ」にします（図5-7）。

図5-7 姓、名（カナ）入力フォーム

生年月日入力フォームを作成する

1 ［アセット］の［ローカルコンポーネント］→［オリジナルアプリのコンポーネント］から［Pizza/formInput］を配置します。

2 ❶「生年月日」と入力します。❷［showSupportText］をオフにし、❸「選択してください」と入力します。❹［icon_calendar_24］に変更します。

完成 生年月日入力フォームができました。

電話番号入力フォームを作成する

1 ［アセット］の［ローカルコンポーネント］→［オリジナルアプリのコンポーネント］から［Pizza/formInput］を配置します。

2 ❶「電話番号」と入力します。❷［showSupportText］をオフにし、❸「09012345678」と入力します。

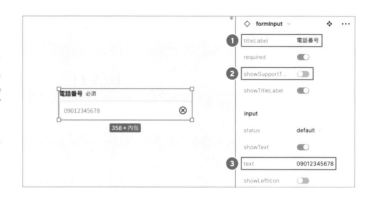

完成 電話番号入力フォームができました。

ラジオボタンを作成する

1 性別選択ラジオボタンのタイトルにあたるテキストを作成します。テキストツールでテキストを作成し、「性別」と入力します。❶［Stockpile/Bold/bold-16］を指定します。［塗り］にバリアブルの❷［Pizza/Text/primary］を指定します。

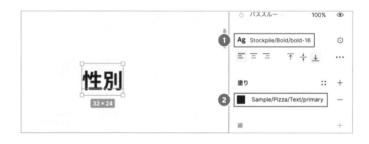

2 ［アセット］の［ローカルコンポーネント］→［オリジナルアプリのコンポーネント］から［Pizza/radiobutton］を3つ配置します。［text］にそれぞれ「指定なし」「女性」「男性」と入力します。「男性」と「女性」が入力されたコンポーネントのコンポーネントプロパティの［status］をオフにします。

3 3つの［radiobutton］に［オートレイアウト］を使用します。オートレイアウトの値を❸［横に並べる］にし、❹［左揃え］にします。❺［Pizza/size-16］を、❻［Pizza/size-0］を指定します。

4 タイトルと合わせてオートレイアウトを使用します。オートレイアウトの値を **7** [縦に並べる] にし、**8** [上揃え（左）] にします。**9** [Pizza/size-4] を、**10** [Pizza/size-0] を指定します。

完成 ラジオボタンができました。

ボタン

1 [アセット] の [ローカルコンポーネント] → [オリジナルアプリのコンポーネント] から [Pizza/fixedButton] を2つ配置します。

2 1つ目は、コンポーネントプロパティの **1** [showLeftIcon] と **2** [showRightIcon] をオフにし、**3** 「保存する」と入力します。

3 2つ目は、コンポーネントプロパティを **4** [variant] を [text] に、**5** [small] にします。**6** [showLeftIcon] と **7** [showRightIcon] をオフにし、**8** 「アカウントを削除する」と入力します。

完成 ボタンができました。

画面の要素を並べる

1 保存するボタンとアカウントを削除するボタンに［オートレイアウト］を使用します。オートレイアウトの値を指定します。❶［縦に並べる］にし、❷［上揃え（中央）］にします。❸［Pizza/size-16］を指定し、❹［Pizza/size-0］を指定します。

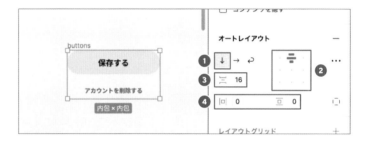

2 入力フォームと性別選択ラジオボタンにオートレイアウトを使用します。オートレイアウトの値を❺［縦に並べる］にし、❻［上揃え（中央）］にします。❼［Pizza/size-24］を指定し、❽［Pizza/size-0］を指定します。

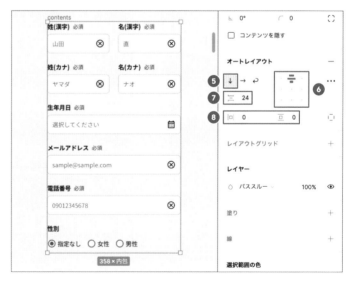

3 さらに画面タイトルと合わせて[オートレイアウト]を使用します。オートレイアウトの値を ❾ [縦に並べる]にし、❿ [上揃え（中央）]にします。⓫ [Pizza/size-24]を指定し、⓬ [Pizza/size-0]を指定します。

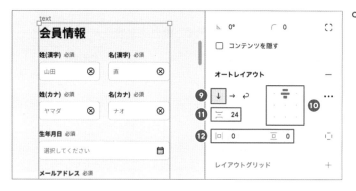

4 ボタンと合わせて[オートレイアウト]を指定します。[オートレイアウト]の値を ⓭ [縦に並べる]にし、⓮ [上揃え（中央）]にします。⓯ [Pizza/size-40]を指定します。⓰ [パディング（個別）]を選択し、⓱ [Pizza/size-0]を、⓲ [Pizza/size-40]を、⓳ [Pizza/size-0]を指定します。

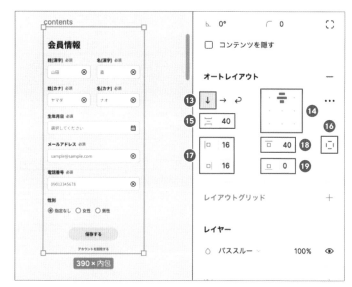

5 ヘッダーと合わせて[オートレイアウト]を指定します。[オートレイアウト]の値を ⓴ [縦に並べる]にし、㉑ [上揃え（中央）]、㉒ [Pizza/size-0]を指定し、㉓ [Pizza/size-0]を指定します。

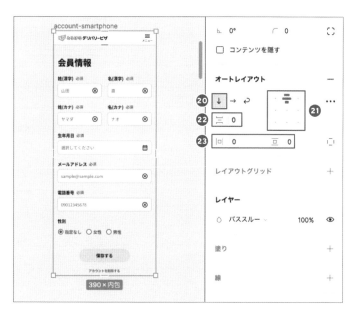

6 ㉔ 手順3で指定したオートレイアウトのまとまりを ㉕ ［コンテナに合わせて拡大］にします。

7 コンポーネントのサイズを画面に合わせます。㉖ ［header］コンポーネント、画面タイトル、姓・名フォーム（漢字）と姓・名フォーム（カナ）に使用したオートレイアウト、生年月日入力フォーム、メールアドレス入力フォーム、電話番号入力フォーム、ラジオボタンを ㉗ ［コンテナに合わせて拡大］にします。

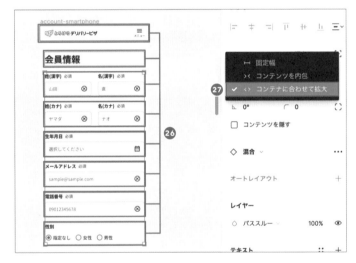

完成 要素を並べることができました。

端末別の画面に展開する

「画面の要素を並べる」で用意したコンポーネントのまとまりを選択し、スマートフォン、タブレット、パソコンのそれぞれで使うために3つに複製します。3つのコンポーネントのまとまりのレイヤー名に、それぞれ「account-smartphone」「account-tablet」「account-pc」と入力します。

スマートフォン用に複製する

1 [account-smartphone] を選択し、塗りの色にバリアブルの[Pizza/Background/secondary] を指定します。

2 フレームパネルの値を❶[固定]にし、❷「390」を入力します。❸[最小高さを追加]を選択し、「844」と入力します。❹[コンテンツを内包]にします。

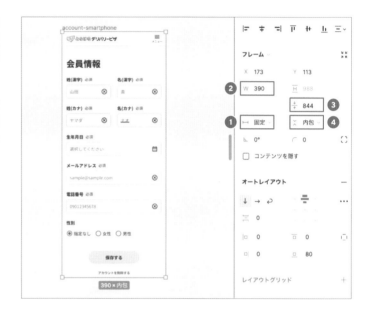

3 ❺[header] を選択し、❻[コンテナに合わせて拡大]にします。

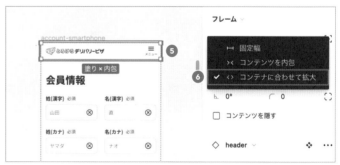

完成 スマートフォン画面ができました。

タブレット用に複製する

1 「account-tablet」を選択し、塗りの色にバリアブルの[Pizza/Background/secondary]を指定します。

2 コンポーネントの[header]の[device]を[tablet]にします。

3 フレームパネルの値を ❶[固定]にし、❷「834」を入力します。❸[最小高さを追加]を選択し、「1194」と入力します。❹[コンテンツを内包]にします。

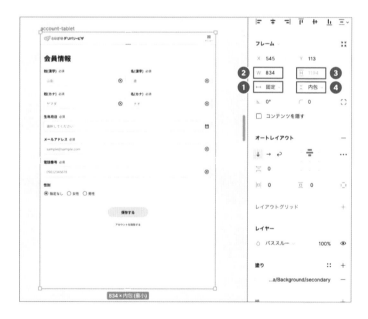

4 ヘッダー以外に設定したオートレイアウトを選択します。フレームパネルの値を ❺ ［コンテナに合わせて拡大］にし、❻ ［最大幅を追加］を選択し、「768」を入力します。

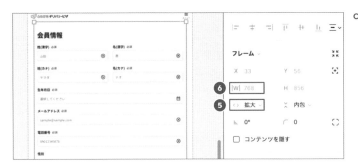

5 ❼ ［header］を選択し、❽ ［コンテナに合わせて拡大］にします。

完成 タブレット画面ができました。

パソコン用に複製する

1 「account-pc」を選択し、塗りの色にバリアブルの[Pizza/Background/secondary]を指定します。

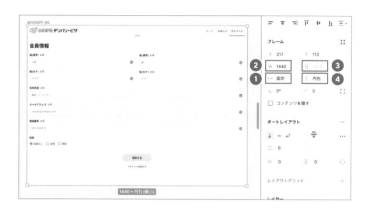

2 コンポーネントの[header]の[device]を[desktop]にし、[tab]に左から「カート」「お知らせ」「マイページ」と入力し、「マイページ」と入力した[tab]のコンポーネントプロパティの[status]を[selected]にします。

3 フレームパネルの値を❶[固定]にし、❷「1440」を入力します。❸[最小高さを追加]を選択し、「1024」と入力します。❹[コンテンツを内包]にします。

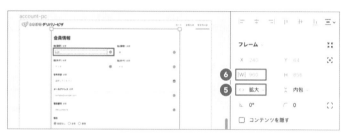

4 画面タイトル、画面の説明、メールアドレス入力フォーム、ボタンに設定したオートレイアウトを選択します。フレームパネルの値を❺[コンテナに合わせて拡大]にし、❻[最大幅を追加]を選択し、「960」を入力します。

5 ❼[header]を選択し、❽[コンテナに合わせて拡大]にします。

完成 パソコン画面ができました。

登録情報や入力の手間が多いとユーザーに負荷をかけてしまいます。「そもそもこの情報は本当に必要なのか？」「なぜこの情報が必要なのだろう？」そういったことを考えてみると、ユーザーフレンドリーなデザインにつながります！

これで、会員情報画面のスマートフォン、タブレット、パソコン表示の作成は完了です。

Chapter
5

Lesson
5

ピザ一覧

商品であるピザ一覧の画面です。ユーザーが最も興味を持つアプリの目玉の画面になるので、おすすめの商品やセールを伝えるバナーを表示するエリアも設けます。

Keyword #ピザ一覧画面

画面の要素

画面には以下の要素があります。

要素の種類	詳細
ヘッダー	ログイン後の画面のため、アプリロゴとメニューを表示する
検索フォーム	商品を検索するための文字を入力するフォーム
バナー	実施するキャンペーンや売り出し中の商品を伝えるバナーを画面の上部に表示する
一覧タイトル	一覧の商品について伝える小見出し
商品カード	本画面の目的を伝えるためのタイトル

画面の要素を用意する

まずはスマートフォン用の要素から用意しましょう。用意する要素を、ピザ一覧画面で扱うコンポーネントのまとまり別に紹介します。

ヘッダー

［アセット］の［ローカルコンポーネント］→［オリジナルアプリのコンポーネント］から［Pizza/header］を配置します。コンポーネントプロパティの［device］を［mobile］に指定し、［status］をオンにします。

フォーム

　[アセット]の[ローカルコンポーネント]→[オリジナルアプリのコンポーネント]から[Pizza/formInput]を配置します。[searchInput]の❶[showSupportText]と❷[showTitleLabel]をオフにします。❸[メニュー名、店舗を検索]と入力します。❹[showLeftIcon]をオンにします（図5-8）。

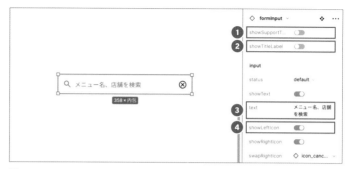

図5-8 フォーム

■ バナーを作成する

1 [オリジナルアプリのファウンデーション・コンポーネント]ページの[画像素材]セクションにある[banner-mobile]の画像を使用します。[画像素材]セクションにあるものは、長方形の塗りに画像が設定されています。[banner-mobile]を選択し、コピー&ペーストして[作業用]セクションに配置します。

2 コピー&ペーストした[banner-mobile]に、フレームを使用します。フレームの名称も同じ[banner-mobile]にします。

　　　　　　　フレーム→xxページ

3 同様に、[banner-tablet]と[banner-desktop]にもフレームを使用します。

完成 バナーの用意ができました。

画像をそのまま配置することもできますが、操作中や画像を変更する際にサイズが変わってしまうことがあるため、フレームを使用しました

一覧タイトルを作成する

1 一覧タイトルは、アイコンとテキストで作成します。まず、テキストツールでテキストを2つ作成します。1つ目は、「ピザ」と入力します。❶ [Stockpile/Bold/bold-24]を指定し、❷ [左揃え] にします。[塗り] にバリアブルの❸ [Pizza/Text/primary]を指定します。

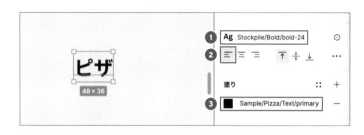

2 2つ目は、「ドリンク」と入力します。以後は1つ目と同じように、[テキストスタイル] に [Stockpile/Bold/bold-24]を指定し、[左揃え]にします。[塗り]にバリアブルの [Pizza/Text/primary]を指定します。

3 [アセット] の [ローカルコンポーネント] → [オリジナルアプリのコンポーネント] から [Icon/pizza] と [Icon/drink]を配置します。

4 [icon/pizza] と「ピザ」と入力したテキストに [オートレイアウト] を使用します。オートレイアウトの値を❹ [横に並べる] にし、❺ [左揃え]にします。❻ [Pizza/size-4]を、❼ [Pizza/size-0]を指定します。

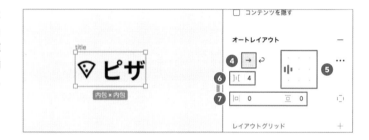

5 [icon/drink] と「ドリンク」と入力したテキストに [オートレイアウト]を使用します。値は「ピザ」の一覧タイトルと同じです。

完成 一覧タイトルができました。

カードを作成する

1 カードで使用する画像素材を用意するために、[オリジナルアプリのコンポーネント] ページの [画像素材] セクションにあるピザとドリンクのイラスト画像をダウンロードします。書き出したい画像を選択し、[エクスポート] の横にある ❶ [+] ボタンをクリックします。❷ [書き出し時のオプション] で [2x] と [PNG] を指定し、❸ [○○○をエクスポート] ボタンをクリックし、ダウンロードします。

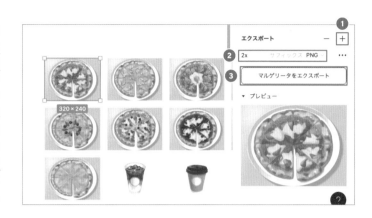

2 [アセット] の [ローカルコンポーネント] → [オリジナルアプリのコンポーネント] から [Pizza/card] を配置します。グレーのエリアを選択し、[塗り] の ❹ [バリアブルを切り離す] を選択します。

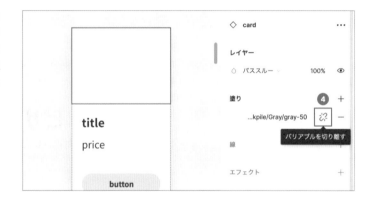

3 ❺ [塗り] を選択し、カラーピッカーから ❻ [画像] を選択します。

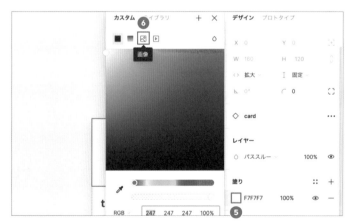

318

4 ❼ [画像を選択] を選択し、ダウンロードしたピザのイラスト画像を指定します。

5 [title] に画像名を入力します。[price] にはダミーの値段を入力します。見本のデータには、すべての商品を「¥1,000」と入力しています。[button] のテキストを「追加する」にします。

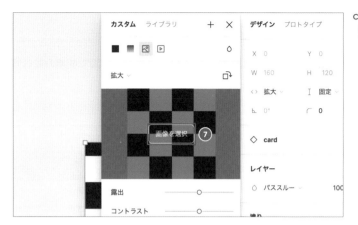

完成 カードが1つできました。

1から6までを繰り返し、[画像素材] セクションにある、ピザとドリンクのイラスト画像分のカードを作ります。

画面の要素を並べる

スマートフォン画面とタブレット・パソコン画面で要素の並べ方を変えるため、作成した商品カードすべてを複製し、2枚ずつにします。

カードを並べる

1 まず、スマートフォン画面用に要素を並べていきます。スマートフォン画面では、商品カードが横に2枚並びます。オートレイアウトを使って、画面の要素に余白を指定し並べます。商品カードを2枚並べ、[オートレイアウト]を使用します。オートレイアウトの値を、❶［横に並べる]にし、❷［上揃え（左）］にします。❸［Pizza/size-16］を指定し、❹［Pizza/size-0］を指定します。

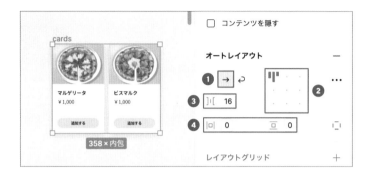

2 ピザのイラスト画像が指定されたカードも、ドリンクのイラスト画像が指定されたカードも、すべてを2枚ずつ並べます。

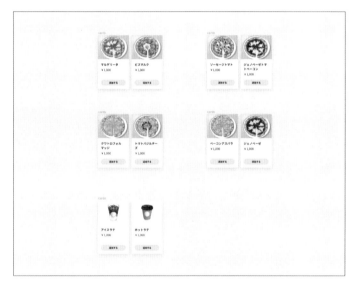

3 同様に、タブレット・パソコン画面用に要素を並べていきます。タブレット・パソコン画面では、商品カードが横に4枚並びます。まず、ピザのイラスト画像が指定された商品カードを4枚並べ、[オートレイアウト]を使用します。オートレイアウトの値を、❺［横に並べる]にし、❻［上揃え（左）］にします。❼［Pizza/size-16］を指定し、❽［Pizza/size-0］を指定します。

4 ドリンクのイラスト画像が指定されたカードは、スマートフォン画面用に並べたものと同様に横に2枚並べます。オートレイアウトを指定し、数値は3と同じものを指定します。

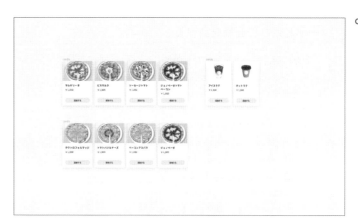

5 ピザの商品一覧を作ります。ピザのイラスト画像が指定された商品カードを、縦に並べてオートレイアウトを使用します。オートレイアウトの値を ⑨ [縦に並べる]にし、⑩ [上揃え（左）]にします。⑪ [Pizza/size-16]を指定し、⑫ [Pizza/size-0]を指定します。2枚並べたものも、4枚並べたものも同じ値を指定します。

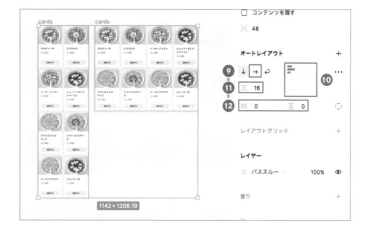

完成 カードを並べることができました。

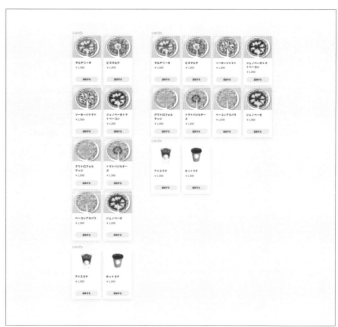

スマートフォン画面では商品カードが横に2枚並び、タブレット・パソコン画面では商品カードが横に4枚並ぶため、2つのパターンを作成しています

カードと残りの要素を並べる

1 ピザの商品カードを並べたものと、ドリンクの商品カードを並べたものそれぞれに一覧タイトルと合わせてオートレイアウトを使用します。オートレイアウトの値を ❶ [縦に並べる] にし、❷ [上揃え（左）] にします。❸ [Pizza/size-16] を指定し、❹ [Pizza/size-0] を指定します。2枚並べたものも、4枚並べたものも同じ値を指定します。一覧タイトルの「ピザ」と「ドリンク」に [オートレイアウト] を指定し、[上揃え（左）] にします。

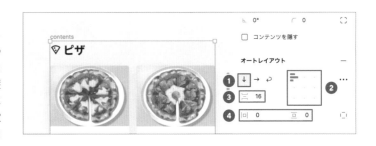

2 検索フォームとバナーと合わせてオートレイアウトを指定します。まず、商品カードが2枚並んだものから指定します。オートレイアウトの値を ❺ [縦に並べる] にし、❻ [上揃え（中央）] にします。❼ [Pizza/size-24] を指定します。❽ [パディング（個別）] を選択し、❾ [Pizza/size-16] を、❿ [Pizza/size-40] を、⓫ [Pizza/size-0] を指定します。

3 商品カードが4つ並んだものを、さらに2つに複製します。商品カードが2つ並んでいるものに指定したオートレイアウトと同じものを指定し、それぞれのバナーを [banner-tablet] と [banner-desktop] に差し替えます。

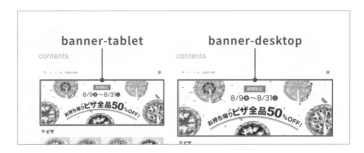

4 手順3で作成したものをそれぞれヘッダーと合わせて<u>オートレイアウト</u>を指定します。<u>オートレイアウト</u>の値を ⑫ [縦に並べる] にし、⑬ [上揃え（左）] にします。⑭ [Pizza/size-0] を指定し、⑮ [Pizza/size-0] を指定します。

完成 要素を並べることができました。

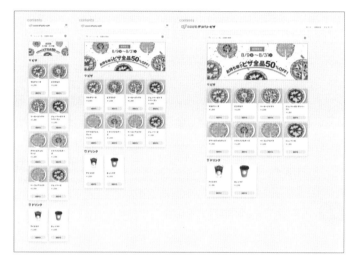

端末別の画面に展開する

「画面の要素を並べる」で用意したコンポーネントのまとまりの、スマートフォン画面用に作成したまとまりのレイヤー名に、「pizzaList-smartphone」と入力します。
タブレット・パソコン画面用のベースとして作成したまとまりを2つに複製し、それぞれのレイヤー名に、「pizzaDetail-tablet」「pizzaDetail-pc」と入力します。

スマートフォン用に複製する

1 [pizzaList-smartphone] 全体を選択し、塗りの色にバリアブルの [Pizza/Background/secondary] を指定します。

2 フレームパネルの値を ❶ [固定] にし、❷ 「390」を入力します。❸ [最小高さを追加] を選択し、「844」と入力します。❹ [コンテンツを内包] にします。

完成 スマートフォン画面ができました。

タブレット用に複製する

1 「pizzaList-tablet」全体を選択し、塗りの色にバリアブルの[Pizza/Background/secondary]を指定します。

2 コンポーネントの[header]の[device]を[tablet]にします。

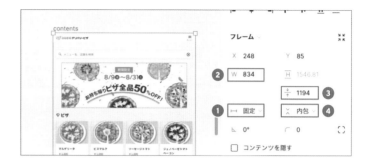

3 フレームパネルの値を ❶[固定]にし、❷「834」を入力します。❸[最小高さを追加]を選択し、「1194」と入力します。❹[コンテンツを内包]にします。

4 ヘッダー以外に設定したオートレイアウトを選択します。フレームパネルの値を ❺[コンテナに合わせて拡大]にし、❻[最大幅を追加]を選択し、「768」を入力します。

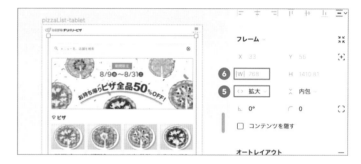

完成 タブレット画面ができました。

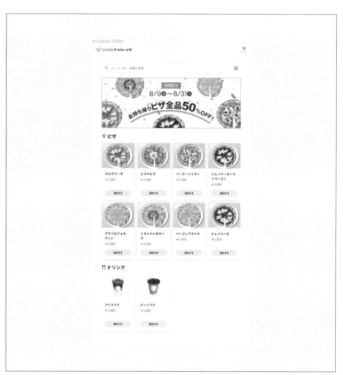

パソコン用に複製する

1 「pizzaList-pc」全体を選択し、塗りの色にバリアブルの [Pizza/Background/secondary] を指定します。

2 コンポーネントの [header] の [device] を [desktop] にし、[tab] に左から「カート」「お知らせ」「マイページ」と入力します。フレームパネルの値を ❶ [固定] にし、❷「1440」を入力します。❸ [最小高さを追加] を選択し、「1024」と入力します。❹ [コンテンツを内包] にします。

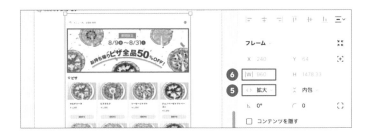

3 ヘッダー以外に設定したオートレイアウトを選択します。フレームパネルの値を ❺ [コンテナに合わせて拡大] にし、❻ [最大幅を追加] を選択し、「960」を入力します。

完成 パソコン画面ができました。

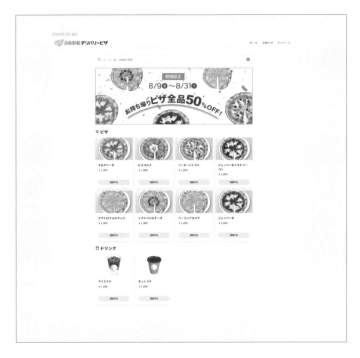

ピザ一覧画面のスマートフォン、タブレット、パソコン表示が完成しました。

ピザ詳細

商品であるピザの詳細を確認したり、生地やトッピングのオプションを選択したりする画面です。選択するためのコンポーネントに、ドロップダウンを使います。

Keyword #ピザ詳細画面

画面の要素

画面には以下の要素があります。

要素の種類	詳細
ヘッダー	ログイン後の画面のため、アプリロゴとメニューを表示する
商品画像	商品のイメージを伝えるための画像
商品タイトル	本画面の目的を伝えるためのタイトル
価格	商品の価格を伝えるためのテキスト
商品説明	商品の詳細を伝えるためのテキスト
サイズ選択ドロップダウン	商品のサイズを選択するためのドロップダウン
生地選択ドロップダウン	商品の生地の種類を選択するためのドロップダウン
トッピング選択ドロップダウン	商品のトッピングの種類を選択するためのドロップダウン
カートに追加ボタン	選択するとカートに追加するボタン。画面上の使用頻度や優先度が最も高いため、fillを使用する

画面の要素を用意する

　まずはスマートフォン用の要素から用意しましょう。用意する要素を、ピザ詳細画面で扱うコンポーネントのまとまり別に紹介します。

ヘッダー

　[アセット] の [ローカルコンポーネント] → [オリジナルアプリのコンポーネント] から [Pizza/header] を配置します。コンポーネントプロパティの [device] を [mobile] に指定し、[status] をオンにします。

商品画像を作成する

1 [オリジナルアプリのファウンデーション・コンポーネント] ページの [画像素材] セクションにあるピザとドリンクのイラスト画像を使用します。見本では [マルゲリータ] を使用します。[画像素材] セクションにあるものは、長方形の塗りに画像が設定されています。[マルゲリータ] を選択し、コピー&ペーストして [作業用] セクションに配置します。

2 コピー&ペーストした [マルゲリータ] に、フレームを使用します。フレームの名称も同じ [マルゲリータ] にします。

フレーム→xxページ

3 フレームのサイズを ❶ [横幅] に「390」、❷ [縦幅] に「300」と入力します。

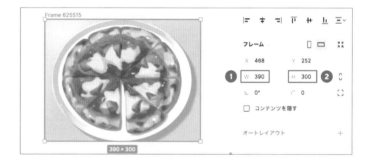

完成 商品画像ができました。

テキストを作成する

1 商品タイトル、価格、商品説明は、テキストで作成します。まずは商品タイトルから作成します。テキストツールでテキストを作成し、「マルゲリータ」と入力します。テキストスタイルに ❶ [Stockpile/Bold/bold-24] を指定し、❷ [左揃え] にします。
[塗り] にバリアブルの ❸ [Pizza/Text/primary] を指定します。

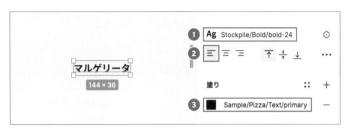

2 価格を作成します。テキストツールでテキストを作成し、価格を入力します。見本では「￥1,000」と入力します。テキストスタイルに ❹ [Stockpile/Bold/bold-16] を指定し、❺ [左揃え] にします。[塗り] にバリアブルの ❻ [Pizza/Text/primary] を指定します。

3 商品説明を作成します。テキストツールでテキストを作成し、価格を入力します。見本では「説明がここに入ります」と何度か入力します。テキストスタイルに ❼ [Stockpile/Bold/body-16] を指定し、❽ [左揃え] にします。[塗り] にバリアブルの ❾ [Pizza/Text/primary] を指定します。

完成 テキストができました。

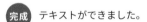説明文は実際に使われるものを入れることで、より実際のアプリに近いものになります。今回はダミーのテキストを採用していますが、実際に存在しているピザのデリバリーアプリの説明文を入れてみるだけでも、よりリアルになります！

ドロップダウン

ドロップダウンを3つ作成する

1 まず、サイズ選択ドロップダウンから作成します。[アセット] の [ローカルコンポーネント] → [オリジナルアプリのコンポーネント] から [Pizza/dropDownMenu] を配置します。formInputで作成した [label] と合わせてオートレイアウトを指定し、[アイテムの左右の間隔] を「pizza/size-8」にします。フレーム名を「dropDown」にします。[Pizza/dropDownMenu] を選択します。[Title] に「サイズ」と入力します。❶「Sサイズ（20cm）」と入力します。

2 サイズ選択ドロップダウンをさらに2つ、合計3つになるように複製し、1つは [Title] に「生地」、❷ [text] に「レギュラー」と入力します。

3 もう1つは [Title] に「トッピング」、[text] に ❸「なし」と入力します。[必須] を削除します。

完成 ドロップダウンができました。

ボタン

[アセット]の[ローカルコンポーネント]→[オリジナルアプリのコンポーネント]から[confixedButton]を配置します。コンポーネントプロパティの ❶[showLeftIcon]と ❷[showRightIcon]をオフにし、❸「カートに追加」と入力します（図5-9）。

図5-9 ボタン

画面の要素を並べる

スマートフォン・タブレット画面用のベースを作る

1 スマートフォン画面とタブレット画面において共通で使用するベースを作成します。商品タイトル、価格、商品説明に[オートレイアウト]を使用します。3つのテキストに[オートレイアウト]を指定し、それぞれのテキストの[水平方向のサイズ調整]を[拡大]にします。

2 オートレイアウトの値を ❶[縦に並べる]にし、❷[上揃え（左）]にします。❸[Pizza/size-8]を指定し、❹[Pizza/size-0]を指定します。

3 サイズ選択ドロップダウン、生地選択ドロップダウン、トッピング選択ドロップダウンと合わせて[オートレイアウト]を使用します。オートレイアウトの値を、❺[縦に並べる]にし、❻[上揃え（中央）]にします。❼[Pizza/size-16]を指定し、❽[Pizza/size-0]を指定します。

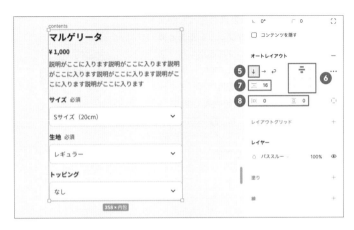

331

4 さらにボタンと合わせて<u>オートレ</u>
<u>イアウト</u>を使用します。オートレイ
アウトの値を、**9**［縦に並べる］に
し、**10**［上揃え（中央）］にします。
11［Pizza/size-40］を指定し、**12**
［Pizza/size-16］、**13**［Pizza/size-
0］を指定します。

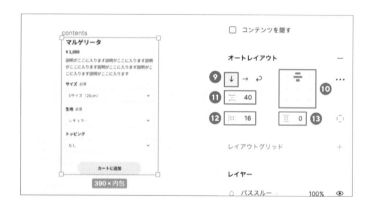

5 商品画像と合わせて<u>オートレイア</u>
<u>ウト</u>を指定します。<u>オートレイア</u>
<u>ウト</u>の値を**14**［縦に並べる］にし、
15［上揃え（中央）］にします。**16**
［Pizza/size-16］を指定します。**17**
［パディング（個別）］を選択し、**18**
［Pizza/size-0］を、**19**［Pizza/size-
40］を、**20**［Pizza/size-0］を指定し
ます。

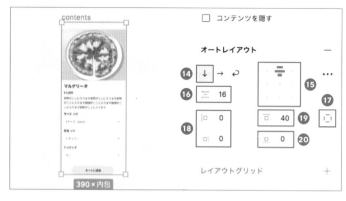

完成 スマートフォン・タブレット画面用
のベースを並べることができまし
た。

パソコン画面用のベースを作る

1 パソコン画面の要素の並べ方がス
マートフォン・タブレット画面と異
なるため、パソコン画面用のベース
を別で作成します。「スマートフォ
ン・タブレット画面用のベースを作
る」で並べた要素を複製します。1
つを**1**［固定］にし、**2**「960」を入
力します。オートレイアウトを**3**
［横に並べる］にします。

2 商品画像以外に指定された<u>オート</u>
<u>レイアウト</u>を選択し、❹ [Pizza/
size--0]を指定します。

3 全体を選択し、❺ [Pizza/size-16]
を指定します。

完成 タブレット・パソコン画面用に並べ
ることができました。

ヘッダーを合わせる

1 スマートフォン・タブレット画面用のベースとヘッダー、パソコン画面用のベースとヘッダーそれぞれに [オートレイ
アウト] を指定します。スマートフォン・タブレット用画面にはコンポーネントの [header] の [device] が [mobile]
のものを合わせ、パソコン画面用のものには [header] の [device] が [desktop] のものを合わせます。

2 <u>オートレイアウト</u>の値を ❶ [縦に
並べる]にし、❷ [上揃え（左)]にし
ます。❸ [Pizza/size-0]を指定し、
❹ [Pizza/size-0]を指定します。

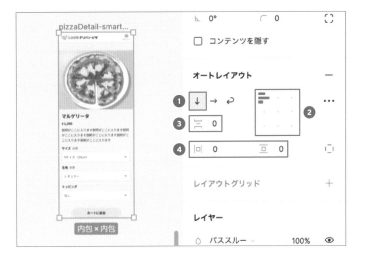

完成 すべての要素を並べることができました。

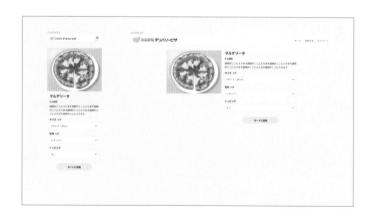

端末別の画面に展開する

「スマートフォン・タブレット画面用のベースを作る」で作成したまとまりを複製し、合計2つにします。それぞれのレイヤー名に「pizzaDetail-smartphone」「pizzaDetail-tablet」と入力します。パソコン画面用に作成したまとまりのレイヤー名に、「pizzaDetail-pc」と入力します。

スマートフォン用に複製する

1 [pizzaDetail-smartphone] 全体を選択し、塗りの色にバリアブルの [Pizza/Background/primary] を指定します。フレームパネルの値を ❶ [固定] にし、❷「390」を入力します。❸ [最小高さを追加] を選択し、「844」と入力します。❹ [コンテンツを内包] にします。

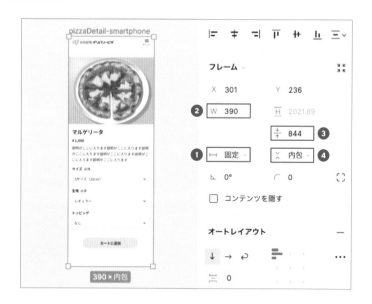

2 コンポーネントのサイズを画面に合わせます。[header]「テキスト」で作成した「商品タイトル」「価格」「商品説明」と「ドロップダウン」で作成した「サイズ選択ドロップダウン」「生地選択ドロップダウン」「トッピング選択ドロップダウン」を選択し、[幅] を [コンテナに合わせて拡大] にします。「商品タイトル」「価格」「商品説明」の3つをまとめるのに使用したオートレイアウトを選択し、[水平方向のサイズ調整] を [コンテナに合わせて拡大] にします。

完成 スマートフォン画面ができました。

タブレット用に複製する

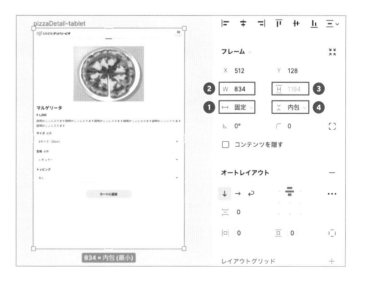

1 「pizzaDetail-tablet」全体を選択し、塗りの色にバリアブルの[Pizza/Background/primary]を指定します。

2 コンポーネントの[header]の[device]を[tablet]にします。フレームパネルの値を ❶[固定]にし、❷「834」を入力します。❸[最小高さを追加]を選択し、「1194」と入力します。❹[コンテンツを内包]にします。

3 ヘッダー以外に設定したオートレイアウトを選択します。フレームパネルの値を **⑤** ［コンテナに合わせて拡大］にし、**⑥** ［最大幅を追加］を選択し、「768」を入力します。

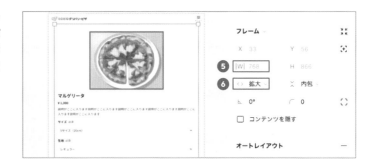

4 コンポーネントのサイズを画面に合わせます。［header］「ドロップダウン」で作成した「サイズ選択ドロップダウン」「生地選択ドロップダウン」「トッピング選択ドロップダウン」を選択し［幅］を［拡大］にします。「商品タイトル」「価格」「商品説明」の3つをまとめるのに使用したオートレイアウトを選択し、［水平方向のサイズ調整］を［コンテナに合わせて拡大］にします。

完成 タブレット画面ができました。

パソコン用に複製する

1 「pizzaDetail-pc」全体を選択し、塗りの色にバリアブルの[Pizza/Background/primary]を指定します。

2 コンポーネントの[header]の[tab]に左から「カート」「お知らせ」「マイページ」と入力します。

3 フレームパネルの値を❶[固定]にし、❷「1440」を入力します。❸[最小高さを追加]を選択し、「1024」と入力します。❹[コンテンツを内包]にします。

4 [header]「ドロップダウン」で作成した「サイズ選択ドロップダウン」、生地選択ドロップダウン」「トッピング選択ドロップダウン」を選択し[幅]を[コンテンツに合わせて拡大]にします。「商品タイトル」「価格」「商品説明」の3つをまとめるのに使用したオートレイアウトを選択し、[水平方向のサイズ調整]を[コンテナに合わせて拡大]にします。

完成 パソコン画面ができました。

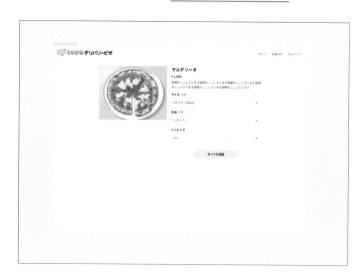

これで、ピザ詳細画面のスマートフォン、タブレット、パソコン表示の作成は完了です。

カート

配達方法やカートに追加した商品を確認するための画面です。ユーザーが入力した情報を把握しやすくなるよう、リストを使って情報を整理しています。

Keyword #カート画面

画面の要素

画面には以下の要素があります。

要素の種類	詳細
ヘッダー	ログイン後の画面のため、アプリロゴとメニューを表示する
画面タイトル	本画面の目的を伝えるためのタイトル
配達注文リスト	ユーザーが登録した住所や配達方法の種別について表示するリスト
注文詳細リスト	ユーザーが注文した商品や金額について表示するリスト
お支払い合計リスト	お支払い合計金額を表示するリスト
商品を追加するボタン	注文した内容にさらに商品を追加するためのボタン。画面上の使用頻度や優先度が高いため、塗りのボタンを使用する
お支払いに進むボタン	注文を決定し、お支払い方法を選ぶためのボタン。画面上の使用頻度や優先度が高いため、塗りのボタンを使用する
注文を削除するボタン	注文を削除するためのボタン。画面上の使用頻度や優先度が最も高いため、テキストボタンを使用する

画面の要素を用意する

スマートフォンを前提に並べていきます。

ヘッダー

［アセット］からコンポーネントの［Pizza/header］を配置し、コンポーネントプロパティの［device］を ［mobile］に指定し、［status］がオンになっていることを確認します。

画面タイトル

　画面タイトルを作成します。テキストツールでテキストを作成し、「カート」と入力します。❶ [Stockpile/Bold/bold-32]を指定し、❷ [左揃え]にします。[塗り] にバリアブルの❸ [Pizza/Text/primary] を指定します（図5-10）。

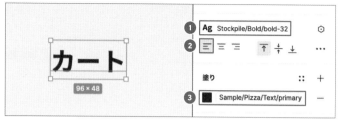

図5-10 画面タイトル

▍リストを作成する

1 配達注文リスト、注文詳細リスト、お支払い合計リストを作ります。[アセット] の [ローカルコンポーネント] → [オリジナルアプリのコンポーネント]から [Pizza/list] を5つ配置します。

2 配達注文リストのタイトルとリストを1つ作成します。配置した[list]コンポーネントを1つ選択します。❶ [showLeftIcon] をオフにし、❷「渋谷区渋谷1丁目」と入力します。❸ [icon_arrow_right_24]を選択します。❹ [showHeading]をオンにし、❺「配達注文」と入力します。

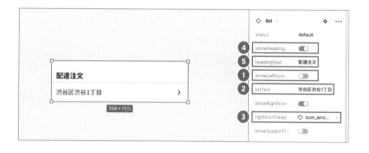

3 注文詳細リストのタイトルとリストを1つ作成します。配置した[list]コンポーネントを1つ選択します。❻ [showLeftIcon] をオフにし、❼「マルゲリータ」と入力します。❽ [icon_arrow_right_24] を選択します。❾ [showHeading] をオンにし、❿ [headingText] に「注文詳細」と入力します。⓫ [showSupportText] をオンにし、⓬「1個 ¥1,000」と入力します。

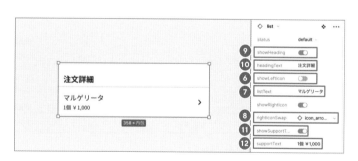

4 残りのリストを作っていきます。配置した [list] コンポーネントを1つ選択します。⓭ [showLeftIcon] をオフにし、⓮「通常便」と入力します。⓯ [icon_arrow_right_24] を選択します。

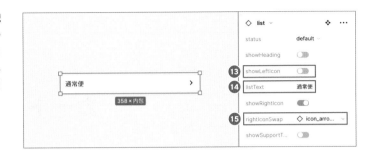

5 配置した [list] コンポーネントを1つ選択します。⓰ [showLeftIcon] をオフにし、⓱「ジェノベーゼ」と入力します。⓲ [icon_arrow_right_24] を選択します。⓳ [showSupportText] をオンにし、⓴「1個 ¥1,000」と入力します。

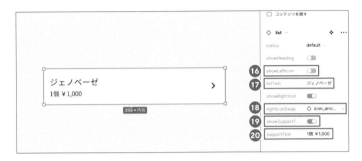

6 配置した [list] コンポーネントを1つ選択します。㉑「¥2,000」と入力します。㉒ [showRightIcon] と㉓ [ShowLeftIcon] をオフにします。

完成 リストがすべて用意できました。

ユーザーが入力する情報はなるべくリアルなものにし、実際の表示イメージに近づけることで、表示崩れやバランスが適切かの確認ができますよ

340

ボタンを作成する

1 [アセット]の[ローカルコンポーネント]→[オリジナルアプリのコンポーネント]から[Pizza/fixedButton]を3つ配置します。

2 1つ目は、コンポーネントプロパティの ❶ [showLeftIcon]と ❷ [showRightIcon]のスイッチをオフにし、❸「商品を追加する」と入力します。

3 2つ目は、コンポーネントプロパティの ❹ [showLeftIcon]と ❺ [showRightIcon]のスイッチをオフにし、❻「お支払いに進む」と入力します。

4 3つ目は、コンポーネントプロパティの ❼ [variant]を[text]に、❽ [size]を[small]にします。❾ [showLeftIcon]と ❿ [showRightIcon]をオフにし、⓫「注文を削除する」と入力します。

完成 ボタンがすべて用意できました。

画面の要素を並べる

まずはスマートフォン用の要素から用意しましょう。用意する要素を、ピザ一覧画面で扱うコンポーネントのまとまり別に紹介します。

スマートフォン用の要素を用意する

1 リストすべてに［オートレイアウト］を使用します。オートレイアウトの値を ❶［縦に並べる］にし、❷［上揃え（左）］にします。❸［Pizza/size-0］を指定し、❹［Pizza/size-0］を指定します。

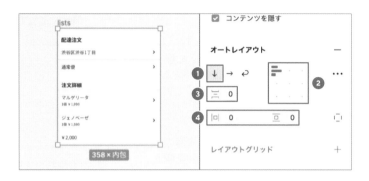

2 設定した［オートレイアウト］を選択した状態で、フレームパネルの［角の半径］に［Stockpile/radius-1］を設定し、フレームパネルの［コンテンツを隠す］にチェックを入れます。❺［線］を追加し、色を［Pizza/Border/border］にします。

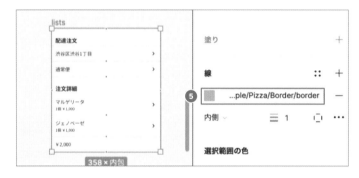

3 画面タイトルと商品を追加するボタンと合わせて［オートレイアウト］を使用します。オートレイアウトの値を指定します。❻［縦に並べる］にし、❼［上揃え（中央）］にします。❽［Pizza/size-16］を指定し、❾［Pizza/size-0］を指定します。画面タイトルの［コンテナに合わせて拡大］にします。

4 お支払いに進むボタンと注文を削除するボタンに［オートレイアウト］を使用します。オートレイアウトの値を指定します。❿［縦に並べる］にし、⓫［上揃え（中央）］にします。⓬［Pizza/size-16］を指定し、⓭［Pizza/size-0］を指定します。

5 ヘッダー以外をすべてまとめて [オートレイアウト] を使用します。オートレイアウトの値を ⑭ [縦に並べる] にし、⑮ [上揃え（中央）] にします。⑯ [Pizza/size-40] を指定します。⑰ [パディング（個別）] を選択し、⑱ [Pizza/size-16] を、⑲ [Pizza/size-40] を、⑳ [Pizza/size-0] を指定します。

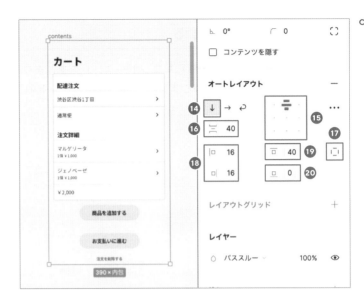

6 ヘッダーと合わせて [オートレイアウト] を指定します。[オートレイアウト] の値を ㉑ [縦に並べる] にし、㉒ [上揃え（中央）] にします。㉓ [Pizza/size-0] を指定し、㉔ [Pizza/size-0] を指定します。

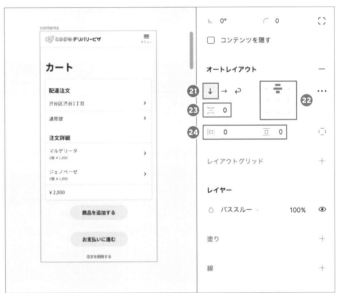

完成 要素を並べることができました。

端末別の画面に展開する

「画面の要素を並べる」で用意したコンポーネントのまとまりを選択し、タブレット画面、パソコン画面でも使うために合計3つに複製します。3つのコンポーネントのまとまりのレイヤー名に、それぞれ「cart-smartphone」「cart-tablet」「cart-pc」と入力します。

スマートフォン用に複製する

1 [cart-smartphone]全体を選択し、塗りの色にバリアブルの[Pizza/Background/secondary]を指定します。

2 フレームパネルの値を ❶[固定]にし、❷「390」を入力します。❸[最小高さを追加]を選択し、「844」と入力します。❹[コンテンツを内包]にします。

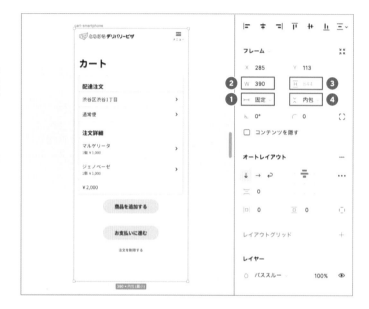

3 コンポーネントを画面サイズに合わせます。❺ ヘッダー、画面タイトル、リストに使用したオートレイアウトを選択し、❻[コンテナに合わせて拡大]にします。

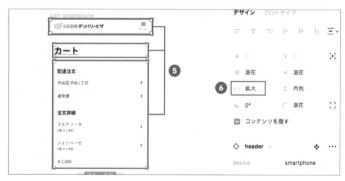

4 ❼[list]5つを選択し、❽[コンテナに合わせて拡大]にします。

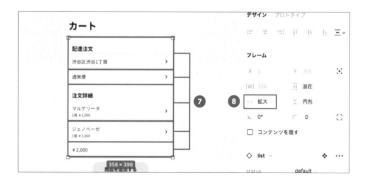

344

完成 スマートフォン画面ができました。

タブレット用に複製する

1 「cart-tablet」を選択します。塗りの色にバリアブルの [Pizza/Background/secondary] を指定します。

2 コンポーネントの [header] の [device] を [tablet] にします。

3 フレームパネルの値を ❶ [固定] にし、❷「834」を入力します。❸ [最小高さを追加] を選択し、「1194」と入力します。❹ [コンテンツを内包] にします。

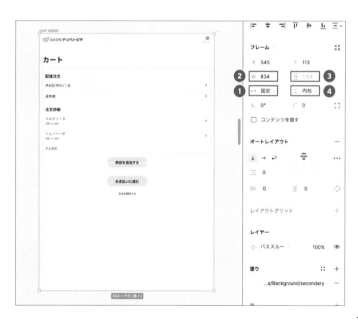

4 ヘッダー以外に設定したオートレイアウトを選択します。フレームパネルの値を **5** ［コンテナに合わせて拡大］にし、**6** ［最大幅を追加］を選択し、「768」と入力します。

5 コンポーネントを画面サイズに合わせます。ヘッダー、画面タイトル、リストに使用したオートレイアウトを選択し、［コンテナに合わせて拡大］にします。

6 ［list］を5つ選択し、［コンテナに合わせて拡大］にします。

完成 タブレット画面ができました。

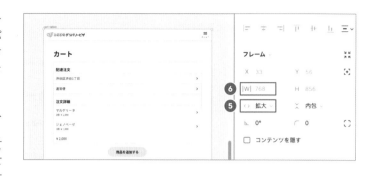

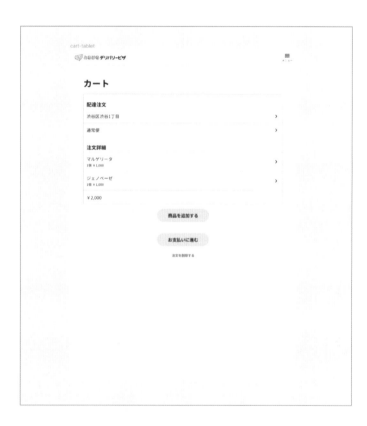

パソコン用に複製する

1 「cart-pc」を選択し、塗りの色にバリアブルの [Pizza/Background/secondary] を指定します。

2 コンポーネントの [header] の [device] を [desktop] にし、[tab] に左から「カート」「お知らせ」「マイページ」と入力し、「カート」と入力した [tab] のコンポーネントプロパティの [status] を [selected] にします。

3 フレームパネルの値を **①** [固定] にし、**②**「1440」を入力します。**③** [最小高さを追加] を選択し、「1024」と入力します。**④** [コンテンツを内包] にします。

4 画面タイトル、画面の説明、メールアドレス入力フォーム、ボタンに設定したオートレイアウトを選択します。フレームパネルの値を **⑤** [コンテナに合わせて拡大] にし、**⑥** [最大幅を追加] を選択し、「960」と入力します。

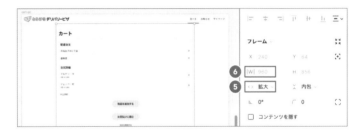

5 ヘッダー、画面タイトル、リストに使用したオートレイアウトを選択し、[水平方向のサイズ調整] を [コンテナに合わせて拡大] にします。

6 [list] を5つ選択し、[水平方向のサイズ調整] を [コンテナに合わせて拡大] にします。

完成 パソコン画面ができました。

これで、カート画面のスマートフォン、タブレット、パソコン表示の作成は完了です。

Chapter 5 / Lesson 8

モーダル

ユーザーが注文の削除をする際に表示されるモーダルを作成します。Lesson 7で作成したカート画面に重なって表示される半透明の黒の背景と、モーダルを作成します。

Keyword　#モーダル

画面の要素

画面には以下の要素があります。

要素名	詳細
カート画面	Lesson 7で作成したカート画面
背景	モーダルが表示される際に、カート画面の上にかかる半透明の黒色の背景
注文を削除モーダル	注文を削除するかユーザーに確認するモーダル

コンポーネントを調整する

Chapter 4のLesson 5でオリジナルアプリ用に調整した [modal] コンポーネントに必要な項目を入力、設定します。

モーダルを作成する

1 [アセット] の [ローカルコンポーネント] → [オリジナルアプリのコンポーネント] から [Pizza/modal] を配置します。

2 ❶「注文を削除」と入力し、❷「注文を削除します。削除の取り消しはできません。よろしいですか？」と入力します。2つの [flexibleButton] のうち上の❸ [showLeftIcon] と❹ [showRightIcon] をオフにし、❺「OK」と入力します。下の❻ [showLeftIcon] と❼ [showRightIcon] をオフにし、❽「キャンセル」と入力します。

3 2で作成したモーダルを、さらに2つ複製します。

完成 モーダルができました。

背景とモーダルを用意する

1 3つのモーダルにオートレイアウトを適用し、背景を用意します。3つの「modal」を1つずつ選択し、それぞれの要素にオートレイアウトを使用します。

オートレイアウト→19ページ

2 モーダルに適用したオートレイアウトのサイズを、それぞれ以下の表のように変更します。

端末	幅	高さ
スマートフォン	390	844
タブレット	834	1194
PC	1440	1024

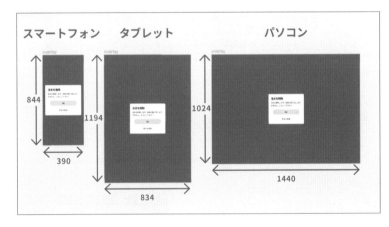

図では、背景となる範囲に色をつけています

3 [modal]を選択します。オートレイアウトから[中央揃え]を指定し、中央に配置します。

4 それぞれのオートレイアウトの[塗り]から[Hex]に「000000」と入力し、透明度に「56」%と入力します。

> **Point**
> Stockpile UIでは、半透明を持ったカラーを用意していないため、塗りを直接編集しています。

完成 背景とモーダルができました。

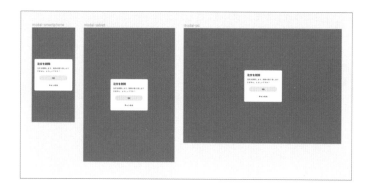

カート画面の上に重ねる

Lesson 7で作成したスマートフォン、タブレット、パソコンそれぞれのカート画面を、まるごとサンプルファイルのLesson 8の作業セクションにコピー&ペーストします。

| カート画面を複製する

1 スマートフォンから作成します。カート画面と背景とモーダルのオートレイアウトに[オートレイアウト]を使用します。背景とモーダルのオートレイアウトを選択し、フレームパネルにある❶[絶対位置]をクリックします。

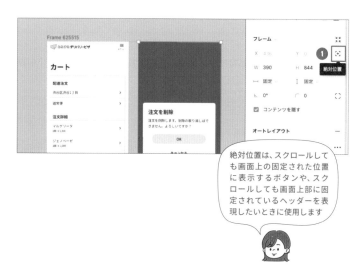

絶対位置は、スクロールしても画面上の固定された位置に表示するボタンや、スクロールしても画面上部に固定されているヘッダーを表現したいときに使用します

2 [X]→「0」、[Y]→「0」とすることで、カート画面の上にぴったり重ねます。これをタブレット、パソコンも同様に行います。

3 作成した3つの画面の名前を、スマートフォン表示は「modal-smartphone」に、タブレット表示は「modal-tablet」に、パソコン表示は「modal-pc」に変更します。

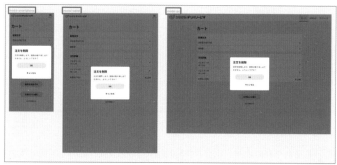

完成 モーダルができました。

これで、モーダルのスマートフォン、タブレット、パソコン表示の作成は完了です。

お知らせ一覧

アプリの通知と、運営側からのお知らせを表示する画面です。使用しているコンポーネントの数は多いですが、作業は多くありません。

Keyword #お知らせ一覧画面

画面の要素

画面には以下の要素があります。

要素の種類	詳細
ヘッダー	ログイン後の画面のため、アプリロゴとメニューを表示する
画面タイトル	本画面の目的を伝えるためのタイトル
通知、運営からのお知らせのセグメンテッドコントローラー	ユーザーの操作によって生じるアプリからの通知と、運営からのお知らせを切り替えるためのセグメンテッドコントローラー
お知らせリスト	お知らせする項目のリスト

画面の要素を用意する

まずはスマートフォン用の要素から用意しましょう。用意する要素を、お知らせ一覧画面で扱うコンポーネントのまとまり別に紹介します。

ヘッダー

[アセット] の [ローカルコンポーネント] → [オリジナルアプリのコンポーネント] から [Pizza/header] を配置し、コンポーネントプロパティの [device] を [mobile] に指定し、[status] をオンにします。

画面タイトル

画面タイトルを作成します。テキストツールでテキストを作成し、「お知らせ」と入力します。❶[Stockpile/Bold/bold-32]を指定し、❷[左揃え]にします。[塗り]にバリアブルの❸[Pizza/Text/primary]を指定します（図5-11）。

図5-11 画面タイトル

セグメンテッドコントローラーを作成する

1 [アセット]の[ローカルコンポーネント]→[オリジナルアプリのコンポーネント]から[Pizza/segmentControls]を2つ、横並びに配置します。

2 左側から作成します。❶[position]を[letf]にし、❷「通知」と入力します。

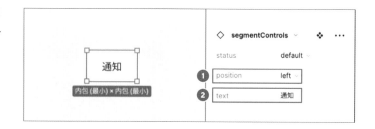

3 右側を作成します。❸[status]を[selected]にします。❹[position]を[right]にし、❺「運営からのお知らせ」と入力します。

4 2つのコンポーネントにオートレイアウトを使用します。オートレイアウトの値を❻[横に並べる]にし、❼[中央揃え]にします。❽[Pizza/size-0]を指定し、❾[Pizza/size-0]を指定します。

5 指定したオートレイアウトの幅に[358]と入力し、2と3で作ったコンポーネントの[コンテナに合わせて拡大]にします。

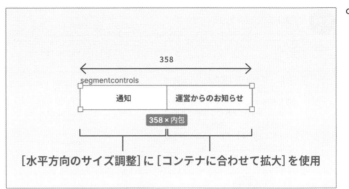

完成 セグメンテッドコントローラーができました。

リストを作成する

1 [アセット]の[ローカルコンポーネント]→[オリジナルアプリのコンポーネント]から[Pizza/list]を配置します。❶[showLeftIcon]をオフにし、❷「新商品発売のお知らせ」と入力します。❸[icon_arrow_right_24]を選択します。❹[showSupportText]をオンにし、❺[supportText]に「2024.01.01 12:13」と入力します。

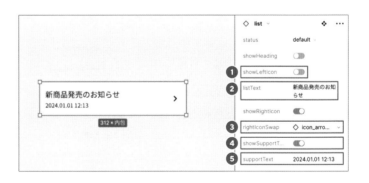

2 同じものを8個コピー&ペーストします。

完成 リストができました。

お知らせのような項目がいくつも並んでいる要素1つひとつに異なる入力値を反映するのは大変な手間がかかります。そんなときは1つか2つの項目を複製し、並べて使用することが多いです。入力値がダミーの値であることは関係者に伝えましょう

画面の要素を並べる

1 8つのリストをすべて選択し、オートレイアウトを使用します。オートレイアウトの値を ❶ [縦に並べる] にし、❷ [上揃え（左）] にします。❸ [Pizza/size-0] を指定し、❹ [Pizza/size-0]を指定します。

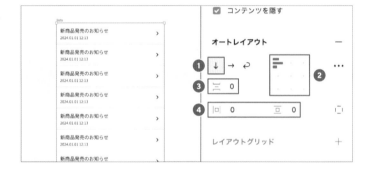

2 1の要素を選択した状態で、フレームパネルの[角の半径]に [Stockpile/radius-1] を設定し、フレームパネルの[コンテンツを隠す]にチェックを入れます。❺ 線を追加し、色を [Pizza/Border/border]にします。

3 タイトルとセグメンテッドコントローラー、リストを選択し［オートレイアウト］を使用します。オートレイアウトの値を ⑥［縦に並べる］にし、⑦［上揃え（中央）］にします。⑧［Pizza/size-0］を指定します。⑨［Pizza/size-16］を、⑩［Pizza/size-40］を、⑪［Pizza/size-0］を指定します。

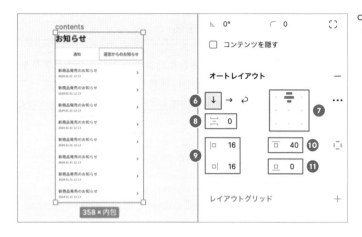

4 ヘッダーと3で作成した要素を選択しオートレイアウトを指定します。オートレイアウトの値を ⑫［縦に並べる］にし、⑬［上揃え（中央）］にします。⑭［Pizza/size-0］を指定し、⑮［Pizza/size-0］を指定します。

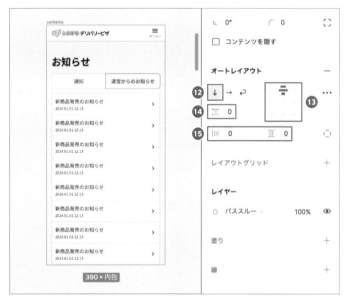

完成 要素を並べることができました。

5

オリジナルアプリを作る

端末別の画面に展開する

「画面の要素を並べる」で用意したコンポーネントのまとまりを選択し、スマートフォン、タブレット、パソコンのそれぞれで使うために3つに複製します。3つのコンポーネントのまとまりのレイヤー名に、それぞれ「information-smartphone」「information-tablet」「information-pc」と入力します。

■ スマートフォン用に複製する

1 [information-smartphone] を選択し、塗りの色にバリアブルの [Pizza/Background/secondary] を指定します。

2 フレームパネルの値を ❶ [固定] にし、❷「390」を入力します。❸ [最小高さを追加] を選択し、「844」と入力します。❹ [コンテンツを内包] にします。

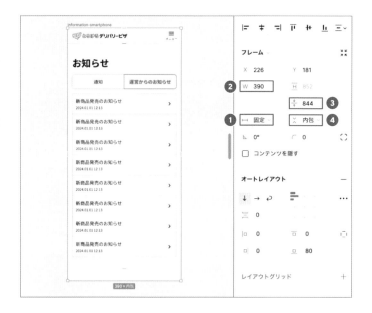

3 ❺ ヘッダー、画面タイトル、リストに使用したオートレイアウトを選択し、❻ [コンテナに合わせて拡大] にします。

4 ❼ [list] 8つを選択し、❽ [コンテナに合わせて拡大] にします。

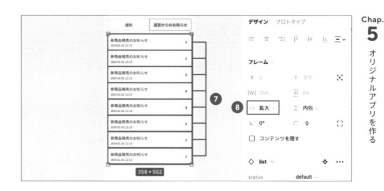

完成 スマートフォン画面ができました。

タブレット用に複製する

1 「information-tablet」をを選択し、塗りの色にバリアブルの [Pizza/Background/secondary] を指定します。

2 コンポーネントの [header] の [device] を [tablet] にします。

3 フレームパネルの値を ❶ [固定] にし、❷「834」を入力します。❸ [最小高さを追加] を選択し、「1194」と入力します。❹ [コンテンツを内包] にします。

4 要素が画面に合わせて広がりすぎないように設定します。「画面の要素を並べる」の手順3で作成したオートレイアウトを選択します。フレームパネルの値を ❺ [拡大] にし、❻ [最大幅を追加] を選択し、「768」を入力します。

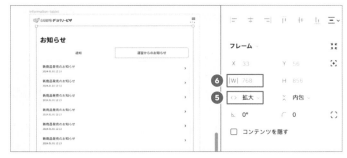

5 ヘッダー、画面タイトル、セグメンテッドコントローラーと、8つのリストに指定したオートレイアウトのフレームを選択し、[コンテナに合わせて拡大] にします。

6 [list] 8つを選択し、[コンテナに合わせて拡大] にします。

完成 タブレット画面ができました。

パソコン用に複製する

1 「information-pc」を選択し、塗りの色にバリアブルの ［Pizza/Background/secondary］ を指定します。

2 コンポーネントの ［header］ の ［device］ を ［desktop］ にし、［tab］ に左から「カート」「お知らせ」「マイページ」と入力し、「お知らせ」と入力した ［tab］ のコンポーネントプロパティの ［status］ を ［selected］ にします。

3 フレームパネルの値を ❶ ［固定］ にし、❷ 「1440」を入力します。❸ ［最小高さを追加］ を選択し、「1024」と入力します。❹ ［コンテンツを内包］ にします。

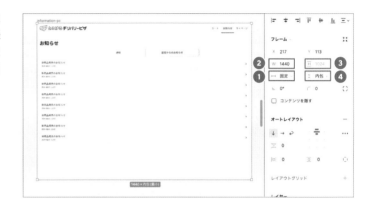

4 要素が画面に合わせて広がりすぎないように設定します。「画面の要素を並べる」の手順3で作成したオートレイアウトを選択します。フレームパネルの値を ❺ ［コンテナに合わせて拡大］ にし、❻ ［最大幅を追加］ を選択し、「960」を入力します。

5 ヘッダー、画面タイトル、セグメンテッドコントローラーと、8つのリストに指定したオートレイアウトのフレームを選択し、［コンテナに合わせて拡大］ にします。

6 ［list］ 8つを選択し、［コンテナに合わせて拡大］ にします。

完成 パソコン画面ができました。

これで、お知らせ一覧画面のスマートフォン、タブレット、パソコン表示の作成は完了です。

エラー

エラーが発生したときに表示する画面です。エラーの文言を差し替えることで、同じ画面をテンプレートとして使い回すことができます。

Keyword #エラー画面

画面の要素

画面には以下の要素があります。

要素の種類	詳細
ヘッダー	ログイン後の画面のため、アプリロゴとメニューを表示する
画面タイトル	本画面の目的を伝えるためのタイトル
説明文	ユーザーに何をしたらよいのかを伝えるためのテキスト
トップページに戻るボタン	トップページに戻るためのボタン。画面上の使用頻度や優先度が最も高いため、Fillを使用する

画面の要素を用意する

まずはスマートフォン用の要素から用意しましょう。用意する要素を、エラー画面で扱うコンポーネントのまとまり別に紹介します。

ヘッダー

［アセット］の［ローカルコンポーネント］→［オリジナルアプリのコンポーネント］から［Pizza/header］を配置します。コンポーネントプロパティの［device］を［mobile］に指定し、［status］をオンにします。

テキストを作成する

1 画面タイトルを作成します。テキストツールでテキストを作成し、「エラーが発生しました」と入力します。❶ [Stockpile/Bold/bold-32] を指定し、❷ [左揃え] にします。[塗り] にバリアブルの ❸ [Pizza/Text/primary] を指定します。

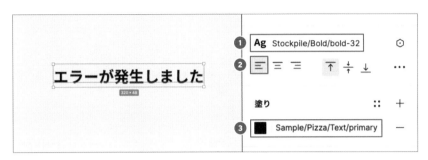

2 説明文を作成します。テキストツールでテキストを作成し、「お手数おかけしますが、しばらく経ってからもう1度お試しください。」と入力します。❹ [Stockpile/Bold/body-16] を指定し、❺ [左揃え] にします。[塗り] にバリアブルの ❻ [Pizza/Text/primary] を指定します。

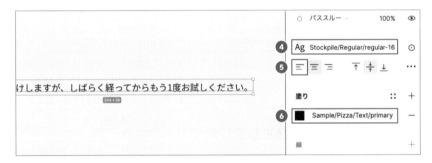

ボタン

[アセット] の [ローカルコンポーネント] → [オリジナルアプリのコンポーネント] から [Pizza/fixedButton] を配置します。

コンポーネントプロパティの ❶ [showLeftIcon] と ❷ [showRightIcon] をオフにし、❸ 「トップページに戻る」と入力します（図5-12）。

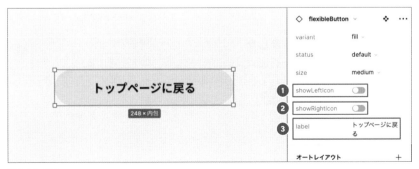

図5-12 ボタン

画面の要素を並べる

　まずはスマートフォン用の要素から用意しましょう。用意する要素を、ピザ一覧画面で扱うコンポーネントのまとまり別に紹介します。

テキストを作成する

1　画面タイトルと説明文に［オートレイアウト］を使用します。オートレイアウトの値を ❶［縦に並べる］にし、❷［上揃え（中央）］にします。❸［Pizza/size-16］を指定し、❹［Pizza/size-0］を指定します。

2　ボタンと合わせてオートレイアウトを使用します。オートレイアウトの値を ❺［縦に並べる］にし、❻［上揃え（中央）］にします。❼［Pizza/size-40］を指定します。❽［Pizza/size-16］を指定し、❾［Pizza/size80］を、❿［Pizza/size-16］を指定します。

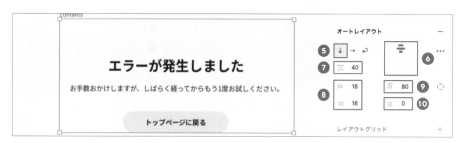

3　ヘッダーと合わせてオートレイアウトを指定します。オートレイアウトの値を ⓫［縦に並べる］し、⓬［上揃え（中央）］にします。⓭［Pizza/size-0］を指定し、⓮［Pizza/size-0］を指定します。

完成　要素を並べることができました。

端末別の画面に展開する

「画面の要素を並べる」で用意したコンポーネントのまとまりを選択し、スマートフォン、タブレット、パソコンのそれぞれで使うために3つに複製します。3つのコンポーネントのまとまりのレイヤー名に、それぞれ「error-smartphone」「error-tablet」「error-pc」と入力します。

スマートフォン用に複製する

1 [error-smartphone] 全体を選択し、塗りの色にバリアブルの[Pizza/Background/secondary] を指定します。

2 フレームパネルの値を ❶ [固定] にし、❷「390」を入力します。❸ [最小高さを追加] を選択し、「844」と入力します。❹ [コンテンツを内包] にします。

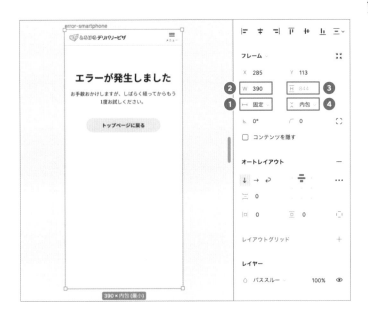

3 ❺ [header] と画面タイトル・説明文に指定したオートレイアウトを選択し、❻ [コンテナに合わせて拡大] にします。

4 ❼ 画面タイトルと説明文をそれぞれ選択し、❽ [コンテナに合わせて拡大] にします。

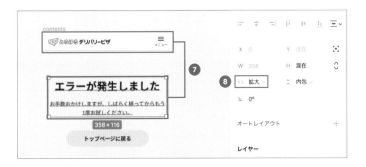

完成 スマートフォン画面ができました。

タブレット用に複製する

1 「error-tablet」を選択し、塗りの色のバリアブルに[Pizza/Background/secondary]を指定します。

2 コンポーネントの[header]の[device]を[tablet]にします。

3 フレームパネルの値を ❶[固定]にし、❷「834」を入力します。❸[最小高さを追加]を選択し、「1194」と入力します。❹[コンテンツを内包]にします。

4 ヘッダー以外に設定したオートレイアウトを選択します。フレームパネルの値を ❺[コンテナに合わせて拡大]にし、❻[最大幅を追加]を選択し、「768」を入力します。

5 [header]と画面タイトル・説明文に指定したオートレイアウトを選択し、[コンテナに合わせて拡大]にします。

6 画面タイトルと説明文をそれぞれ選択し、[コンテナに合わせて拡大]にします。

完成 タブレット画面ができました。

パソコン用に複製する

1 「error-pc」を選択し、塗りの色にバリアブルの [Pizza/Background/secondary] を指定します。

2 コンポーネントの [header] の [device] を [desktop] にし、[tab] に左から「カート」「お知らせ」「マイページ」と入力します。

3 フレームパネルの値を ❶ [固定] にし、❷「1440」を入力します。❸ [最小高さを追加] を選択し、「1024」と入力します。❹ [コンテンツを内包] にします。

4 画面タイトル、画面の説明、メールアドレス入力フォーム、ボタンに設定したオートレイアウトを選択します。フレームパネルの値を ❺ [コンテナに合わせて拡大] にし、❻ [最大幅を追加] を選択し、「960」を入力します。

5 [header] と画面タイトル・説明文に指定したオートレイアウトを選択し、[コンテナに合わせて拡大] にします。

6 画面タイトルと説明文をそれぞれ選択し、[コンテナに合わせて拡大] にします。

完成 パソコン画面ができました。

> エラーにはさまざまな種類があります。通信エラーやシステム障害など、なるべく複数のケースに対応できる画面を1つ用意しておくことで、いざというときに役立ちます

これで、エラー画面のスマートフォン、タブレット、パソコン表示の作成は完了です。

デザインシステムについて知る

デザインシステムは、一定の基準と一貫性を保ち、
効率的なデザインプロセスを実現するための仕組みです。
デザインシステムの基本概念から、構築と運用に至るまでを解説します。

デザインシステムについて

デザインシステムの基本概念や、デザインシステムを構築するツール、すでに公開されているツールについて解説します。

`Keyword` #デザインシステム #デザイン原則 #スタイルガイド #コンポーネント集

デザインシステムとは？

　デザインシステムは、一定の基準を満たし、一貫性のあるデザインをユーザーに提供するためのツールがまとまった仕組みのことを指します。

　一定の基準には、ユーザビリティやアクセシビリティ要件などが含まれます。これらを満たすように検討や検証を重ねたコンポーネントやテンプレートを新規機能や既存機能の改善時に使用することで、得られた知見を展開することができます。

　一貫性のあるデザインとは、関連するアプリにおいてビジュアルや操作方法、情報の見せ方などを統一することです。統一することで、ユーザーがアプリを利用する際に感じる負担や、使い方を学ぶ手間を軽減することができます。例えば、関連するアプリ内であまりに異なる印象を与えるビジュアルを使用すると、ユーザーは別アプリを使用しているような感覚を抱き混乱してしまいますが、デザインシステムを元にデザインすることで一貫性のあるデザインがデザイナーやエンジニアに負担がかかりすぎることなく担保されます。

デザインシステムを構成するツール

　デザインシステムを構成するツールはデザインシステムを用意する目的によって変わりますが、主に以下の3つです。

デザイン原則

　デザインをする際に大事にすることを言語化し、まとめたものです。主に実装前段階までのことについて記載されています。用途によって異なりますが、以下の内容などが含まれています。

- アプリやサービス全体のパーソナリティ
- デザインの指針やマニフェスト
- ブランドガイドライン
- コンテンツガイドライン
- 用語集
- デザインの進め方

> 新しくデザインチームに仲間入りするとき、デザイン原則はスタイルガイドやコンポーネント集の上位概念にあたるもののため、最初に読むことが多いです

　デザイン原則にしたがってデザインを進めることで、作り進めていくうちに迷走してしまうことを防いだり、デザインについてコミュニケーションをする際の指標になります。

スタイルガイド

色やアイコンなど、主にビジュアルに関するルールについてまとめたものです。制作段階で必要になること について記載されています。用途によって異なりますが、以下の内容などが含まれています。

- 色
- アイコン
- タイポグラフィ
- 画像
- 余白
- 階層（エレベーション）

これらには、ファイルやエイリアスなどの情報も含まれており、開発時に参照するガイドラインとしても使 用されます。制作に関わるメンバーがスタイルガイドを元に開発を進めることで、色やタイポグラフィなどの ビジュアル面でのブレを防ぐことができます。

コンポーネント集

UIコンポーネントについてまとめたものです。スタイルガイドと同様に制作段階で必要になることについて 記載されています。用途によって異なりますが、以下のようにStockpile UIの「コンポーネント」で扱ったもの が含まれています。

- ボタン
- フォーム
- リスト
- モーダル

これらには、コンポーネントに含まれている色やアイコン、実装するためのコードについての情報も含まれ ています。コンポーネント集で定義されたコンポーネントを使い回すことで、一貫性のあるデザインが担保さ れます。

さまざまなデザインシステム

　FigmaコミュニティやWebサイト上で、すでに公開されているデザインシステムがいくつかあります。その中から参考になるものを5つ紹介します。

デジタル庁デザインシステム

　デジタル庁によって制作、公開されています。政策の1つとしてデザインシステムの構築に取り組んでおり、検討の経緯や導入方法についても公開されているのが特徴です。イラストレーション・アイコン素材についての利用規約もあります。クレジット表記なしで利用できますが、適切に利用するために、利用前には規約に目を通しましょう。
利用規約は、https://www.digital.go.jp/policies/servicedesign/designsystem/Illustration_Icons/terms_of_useから確認できます（図6-1）。

図6-1 デジタル庁 (https://www.digital.go.jp/policies/servicedesign/designsystem)

SmartHR Design System

　株式会社SmartHRによって制作、公開されています。クラウド人事労務ソフト「SmartHR」において、サービスに関わるすべての人がSmartHRらしい表現をするための基準や素材をまとめたものです。文章やイラストレーションについても詳しく記載されていて、参考になります。利用者・利用範囲について、「SmartHR Design System はサイトにアクセスするすべての人が、公開されているすべてのコンテンツを参照できます。また参照する以外に、利用できるコンテンツもあります。 利用者によって利用できるコンテンツが異なりますので、それぞれのページをご確認ください。」と記載があります。参照する際は注意しましょう。利用者・利用範囲については、https://smarthr.design/introduction/userから確認できます（図6-2）。

図6-2 SmartHR Design System (https://smarthr.design)

Ameba Spindle

株式会社サイバーエージェントによって制作、公開されています。「Ameba らしさ」を一貫してユーザーに届けるための仕組みです。「らしさ」を表現するための約束事やルールに特化しています。利用規約は、https://helps.ameba.jp/rules/post_104.html から確認できます（図6-3）。

図6-3 Ameba Spindle（https://spindle.ameba.design）

Google Material Design

Googleのデザイナーと開発者によって構築およびサポートされているデザインシステムです。特定の色を指定すると自動でアプリに展開する仕組みや、さまざまな端末に対応できるコードも公開されています。最新バージョンはMaterial 3と呼ばれています。利用規約は、https://policies.google.com/terms から確認できます（図6-4）。

図6-4 Google Material Design（https://m3.material.io）

Material Designは、特に開発に特化した仕組みの印象が強いです。Figmaのデザインデータを開発側と連携をする際の参考に使うことが多いです！

Shopify Polaris

Shopify管理者用のデザインシステムです。ECサイトを構築する際に参照するガイドラインとして公開されています。利用規約は、https://github.com/Shopify/polaris/blob/main/LICENSE.md から確認できます（図6-5）。

図6-5 Shopify Polaris（https://polaris.shopify.com）

作る目的をまとめよう

デザインシステムを作る目的を整理するための方法について解説します。事前に言語化することで、作り進めている最中に迷ってしまうことを防ぎます。

Keyword #目的 #課題抽出

デザインシステムを作るきっかけ

　デザインシステムを作る目的を言語化してまとめておくことで、立ち戻るときの指標になったり、作り進めていく最中に迷走することを防ぐことができます。本書ではStockpile UIを作るところからスタートしていますが、実際はデザインする際や開発プロセス内に何らかの課題やきっかけがあり、その解決策としてデザインシステムの検討がスタートします。以下は、デザイナー目線でデザインシステムの検討を始めるきっかけの例です。

- ユーザーの理解を深めることに時間を割くために、より素早い開発をする必要が生じた
- デザイナーの人数が増え、一貫したデザインを作ることが難しくなった
- 既存サービスのリニューアルにあたり、スタイルガイドや使用しているコンポーネントを再検討することになった

　これらのきっかけはデザイナーだけでどうにかしようと思いがちですが、それではデザインシステムのよさが減少してしまいます。デザインシステムは一定の基準を満たし、一貫性のあるデザインをユーザーに提供するための要素がまとまった仕組みであり、ユーザーに提供するまでのプロセス全体に効力を発揮します。そのため、開発に携わる部署やメンバーにも、同様の課題や要望がないかをヒアリングするとよいでしょう。

開発に関する課題を抽出する

　開発に関わる部署やメンバーに課題や要望をヒアリングし、デザインシステムで解決できるものがないかを調査します。以下は職種別にヒアリングをすると、よく挙がる課題や要望の例です。

企画職

　課題解決のための施策を検討したり、ユーザーの理解を深めるための調査を実施する役割の人からよく挙がる課題や要望の例です。UIで使われている文言だけ修正する場合や、デザイナーに依頼するまでもないことを自分たちで対応したいといった要望が挙がることが多いです。

- 企画検討の際に素早く複数パターンを検討したい
- デザイナーに依頼する前に、ワイヤーフレームを作って検討したい
- デザイナーの手が足りない際に、簡単な修正は自身でやってしまいたい

営業職

　顧客とコミュニケーションをとる役割の人からよく挙がる課題や要望の例です。業務用アプリを作る際は、顧客から挙がる声をアプリに反映することがあります。その際、顧客とのコミュニケーションツールとしてFigmaで画面を作って使うことがあり、自分たちでも画面を作りたいといった要望が挙がることが多いです。

- 顧客に説明する資料用の画面を用意したい
- 顧客からの要望を形にし、打ち合わせの場での認識合わせに使いたい
- 開発中の機能をFigmaのプロトタイプを使って顧客に見せたい

> 営業メンバーが同席の元、デザイナーが直接顧客と意見交換をすることもあります。その場で画面を作って見せてしまうこともあります

エンジニア

　企画メンバーやデザイナーからの依頼を元に、画面を実装しリリースする役割の人からよく挙がる課題や要望の例です。すべてイチから実装するよりも、使用済みのコンポーネントを使い回したほうが素早い開発が可能になります。また、コンポーネントを管理するコストも減るため、主になるべく使用済みコンポーネントを使い回すようにしたいといった要望が挙がることが多いです。

- 既存サービスで複数存在するコンポーネントを統一し、管理しやすくしたい
- 同じコンポーネントを使い回すことで、開発速度を速めたい
- 最低限のコミュニケーションだけ行い、効率のよい開発をしたい

マーケティング職

　アプリを展開する市場を調査し、流通させる役割の人からよく挙がる課題や要望の例です。認知を広めるためにSNS広告用のバナーやLPを複数作り、効果を測定して改善することを素早く繰り返すことがあります。デザイナーの手が足りないときや画面の差し替えだけ実施する場合などに、自分たちでもバナーや素材を作ることができるようにしたいといった要望が挙がることが多いです。

> ほかの部署やメンバーからも課題や要望の声が挙がることがあります。なるべく多くの人から課題をヒアリングすることで、より洗練されたデザインシステムが作成できます！

- バナーやLPを素早く作り、検証したい
- 広告用の素材として使う画面を自分たちで作りたい
- インタビューや市場調査用に使用する画面やFigmaのプロトタイプを自分たちで作りたい

抽出した課題をリストアップする

　デザインシステムを作ろうと思ったきっかけや、開発に関わるメンバーからのヒアリングを元に抽出した課題や要望をリストアップします。課題や要望は、開発全体に関わるほどの大きなものから少しの工夫で改善されるものまでさまざまな粒度のものが存在します。一旦粒度は気にせずにリストアップしておくことで、改善できるものが増えます。

Chapter
6

Lesson
3

どのようなものを作るか方針を立てよう

デザインシステムは複数のツールから構築されています。これからデザインシステムを作るにあたり、どのツールを用意する必要があるのかを選ぶ方法について解説します。

`Keyword` #方針 #ツール

課題を元に、デザインシステムで解決することをまとめる

Chapter 6のLesson 2でヒアリングしたすべての課題をデザインシステムで一気に解決することは難しいため、まずはどこまでをデザインシステムで解決するのか決めます。Lesson 3では、おすすめの進め方を紹介します。

すでに存在するガイドラインを調べる

ガイドラインをイチからすべて用意するのは大変なこともあり、すでに存在しているガイドラインがないかを調べます。例えば、アプリがすでに自社で運用されている場合はブランドガイドラインが存在していますし、ライターやマーケターが用語集を用意していることがあります。イチからアプリを作る場合も、会社のブランドに関するガイドラインが存在する場合もあります。ガイドラインが古かったり、内容として展開できそうにないものだった場合も、新しく作る際の参考資料として使用できるので押さえておくとよいでしょう。

他社のデザインシステムを参考に、解決策につながるツールを調べる

Lesson 2でヒアリングした課題を解決するためのツールとして考えられるものを、他社のデザインシステムを参考に調べます。課題や要望の詳細次第で変わることもありますが、よく挙がる要望とそれを解決するツールの例は以下です。

デザインシステムで解決すること	ツール
デザイナーに依頼する前に、企画メンバーや営業メンバーがワイヤーフレームを作って検討したい	デザインの指針やマニフェスト、用語集、コンポーネント集、スタイルガイド
デザイナーの手が足りない際に、簡単な修正は企画メンバーでやってしまいたい	デザインの進め方ガイド、用語集
同じコンポーネントを使い回すことで、開発速度を速めたい	コンポーネント集
最低限のコミュニケーションだけ行い、効率のよい開発をしたい	スタイルガイド、コンポーネント集
バナーやLPを素早く作り、検証したい	サービスのパーソナリティ、デザインの指針やマニフェスト、ブランドガイドライン、用語集、バナーやLPで使用するためのコンポーネントやテンプレート集

デザインシステムの初期バージョンとして用意するものを決める

　すべてのツールがそろっていなくても、デザインシステムを少しずつ運用し始めることは可能です。デザインシステムで解決することの重要度を元に、運用を開始するのに最小限必要なツールを決めます。
例えば、開発側からの「同じコンポーネントを使い回すことで、開発速度を速めたい」という要望の重要度が最も高い場合、まずはコンポーネント集を用意するだけでも運用を始めることができます。コンポーネント集を作成すると同時にスタイルガイドも作成できるため、余裕があれば一緒に作成することもあります。

　初期バージョンとして用意するものは、まずデザインシステムで解決することを重要度で並び替え、そこから最低限必要になるツールを選定していきます。それぞれの課題の解決策として共通するツールを優先的に作ることで、効率的に課題解決につながります。デザインシステムで解決することと解決策のツールすべてをホワイトボード上に並べ、どのツールまでを初期フェーズとして対応するか線を引いて選ぶやり方がおすすめです（図6-6）。

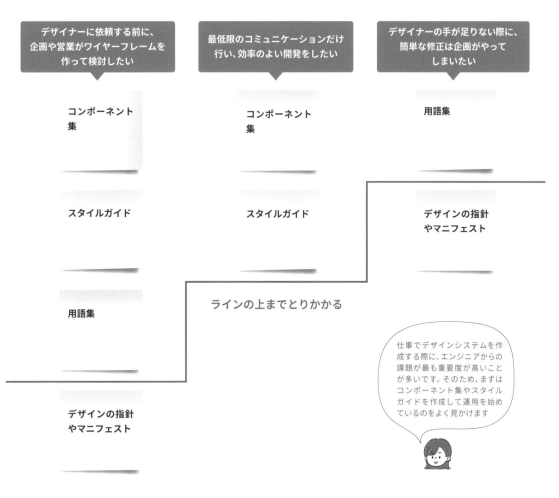

図6-6 解決することと解決策のツールを並べて、
線を引いて選ぶ

Point

運用するにあたり最低限必要になるツールをMVPともいいます。MVPは「Minimum Viable Product」の略で、価値を届けられる最小限の製品のことを指します。

作るものをリストアップしよう

Lesson 3でまとめた「デザインシステムの初期バージョンとして用意するもの」を元に、用意するツールと、ツールを用意するのに使用するソフトウェアをリストアップします。

Keyword　#ツール #ソフトウェア

用意するツールと使用するソフトウェアを考える

　ソフトウェアはデザインシステムに関わる人に合わせて選ぶことで、参照しやすく更新しやすい仕組みにすることができます。例えば、Figmaのアカウント権限の関係で誰でも編集できない環境の場合、デザインガイドラインやスタイルガイドをGoogleドキュメントにまとめることで、Figmaの編集権限を持たない人でも更新することができます。以下は、ツールとソフトウェアとして考えられるものの例です。

ツール	ソフトウェア
デザインの指針やマニフェスト	Googleドキュメント、zeroheight、Confluence、Notionなど
用語集	Googleスプレッドシート、Confluence、Notionなど
デザインの進め方ガイド	Googleドキュメント、Confluence、Notionなど
ブランドガイドライン	Googleドキュメント、Googleスライド、Confluence、Notionなど
コンポーネント集	Figma、zeroheight、Googleスプレッドシートなど
スタイルガイド	Figma、Googleドキュメント、zeroheight、Confluence、Notionなど

用語解説

zeroheight

デザインシステムの構築をサポートするツールです。ドキュメント機能を使ってガイドラインを作成することや、Figmaと連携しコンポーネント集やスタイルガイドを作成することができます。
https://zeroheight.com

用語解説

Confluence

特定の組織内でドキュメントを作成し発信するためのツールです。Jiraというタスク管理ツールやFigma、Googleドライブなど多くのツールと連携ができます。
https://www.atlassian.com/ja/software/confluence

用語解説

Notion

特定の組織内で、ドキュメントだけでなくタスク管理やプロジェクト管理などさまざまな用途に使用できるツールです。FigmaやGoogleドライブなど多くのツールと連携ができます。
https://www.notion.so/ja-jp

> 私はデザイン原則を記載するツールはNotionを、コンポーネント集とスタイルガイドはFigmaを使うことが多いです。組織のメンバー次第で、Google系のツールを選ぶこともあります

デザインシステムを作る順序

　デザインシステムを作るにあたり、まずはデザイン原則にあたるものから用意するのがおすすめです。デザイン原則はスタイルガイドやコンポーネント集の上位概念にあたるものです。先に作成しておき、それを元に残りのツールを展開することで効率よく作成することができます。

すでにリリースされたアプリの場合、コンポーネント集を元にデザイン原則を作ることもあります。その際に、デザイン原則を作り進めていくとコンポーネントを調整したくなることがあり、すでに実装されたコンポーネントを調整したコンポーネントに差し替えてもらうことがあります。この調整前のコンポーネントを<u>デザイン負債</u>と呼びます。

　また、すべてのツールに関連性があるため、1つのツールを作成することでほかのツールを調整する必要が生じることもあります。そのため、6割くらいの完成度のものを素早く作って影響範囲を調整するように進めていくとよいでしょう。

　すべてをデザイナーだけで作る必要はありません。UXライターがいる場合は用語集の作成を依頼したり、コミュニケーションデザイナーがいる場合はブランドガイドラインを一緒に作成したりしてもよいでしょう。

もっと知りたい ｜ **デザイン負債**

デザイン負債は、デザインシステムが整備される前や整備を進めることにより発生する、将来的に修正する必要のあるもののことを指します。例えば、スタイルガイドを作ることですでに実装されているコンポーネントの色の変更が必要となった場合、デザイン負債として扱います。すでにリリースされているアプリにおいてデザイン負債を改善する際は、一気にまとめて実装の対応をすることもあれば、特定の機能の改善に取り組む際に影響のある範囲内のみ実装の対応をし、少しずつ改善することもあります。

Chapter 6

Lesson 5

デザインシステムを作るときに意識すること

デザインシステムを実際に作る際に直面しがちなポイントや課題、それらを解決することにつながる具体的なツールについて解説します。

Keyword #variables2json #Style Dictionary #Storybook

デザインシステムを作るときのポイント

実際に作業を進める際に意識するとよいポイントを紹介します。

適用範囲を決める

デザイン原則に含まれるものには、アプリ以外にも影響を及ぼすものがあります。例えば、ブランドガイドラインはアプリだけでなく販促用のチラシやバナーといったものにも影響を及ぼします。最初に適用範囲を決めておくことで、考慮する必要のあるものを明確にすることができます。

> スタイルガイドやコンポーネント集はアプリのデザインにのみ適用し、アプリの販売促進のために使用する広告や、キャンペーン用のチラシには適用しないことが多いです

開発フローに合わせてツールやFigmaの作りを工夫する

デザインシステムを取り入れることで、開発フローにも影響を及ぼすことがあります。企画メンバーやエンジニアとの関わり方によって、Figmaにプラグインをインストールしたり、データの作り方を工夫する必要があります。よくあるケースを紹介します。

Figmaで作成したデザイントークンを各プラットフォーム向けのコードに変換する

Figmaのデータから iOS や Web などの各プラットフォーム向けのコードに変換をするプロセスが生じる場合、Figmaで作成したデータに「variables2json」というプラグインを使用し、さらに「Style Dictionary」を使用して変換することがあります。variables2jsonは、Figmaで作成したデータからjsonというコードを生成するFigmaのプラグインです（図6-7）。

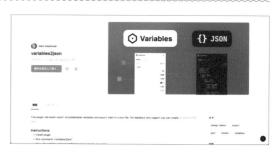

図 6-7 variables2json（https://www.figma.com/community/plugin/1253571037276959291/variables2json）

> Figmaデータからjsonを生成するためのプラグインはvariables2jsonのほかにもいくつかあります。使いたいケースに合ったものを選んでください

Style Dictionaryは、GitHubに同期されたデザイントークン用のjsonを各プラットフォーム向けに変換するためのツールです（図6-8）。

> Figmaをデザイナーが管理し、GitHubおよびコードはエンジニアが管理するケースが多いため、今回の場合はvariables2jsonのプラグインをFigmaにインストールし、jsonを生成するまでをデザイナーが担当し、Style Dictionaryはエンジニアが使用するのがよさそうです！

図6-8 Style Dictionary（https://amzn.github.io/style-dictionary/#/）

詳しい使い方は、variables2jsonとStyle Dictionaryのサイト上から確認してください。

開発メンバーが実装したコンポーネントをデザイナーがレビューする

　開発メンバーが実装したコンポーネントのデザインをデザイナーがレビューするプロセスが生じる場合、Storybookを使うことがあります。Storybookは、実際に実装されたコンポーネントやスタイルを一覧で閲覧できるツールです（図6-9）。

　FigmaとStorybookをStorybook Connectというプラグインを使用し連携することもできます。連携することで、Figmaで作成したコンポーネントとStorybook上で実装されたコンポーネントを見比べやすくなります（図6-10）。

図6-9 Storybook（https://storybook.js.org）

図6-10 Storybook Connect（https://www.figma.com/community/plugin/1056265616080331589/storybook-connect）

企画メンバーがFigmaを使い、簡単な文言修正や画面を作成する

　デザイナー以外のFigmaの使い方に不慣れなメンバーがFigmaを使用した場合、作成したコンポーネントやバリアブルに思わぬ変更が加わってしまうことがあります。そのため、多くのメンバーが使用する場合は、バリアブルやコンポーネント集はライブラリ機能を使用して外部ファイルに設け、編集可能なユーザーをデザイナーのみにするとよいでしょう。

更新するフローを決める

　デザインシステムは運用することにより、更新や修正対応が必要になります。誰もが自由に更新してしまうと、ほかのツールに影響を及ぼしてしまい、デザインシステムとして成立しなくなっていることがあります。デザインシステムを運用するためにも、更新フローを決めておくとよいでしょう。更新フローを決めるにあたり、デザイン原則、スタイルガイド、コンポーネント集それぞれでポイントになることを紹介します。

デザイン原則

　デザイン原則は、コンポーネント集やスタイルガイドの上位概念にあたるものです。デザイン原則を変更することで、ほかのツールに多くの影響を与えます。そのため、デザイン原則を更新したり新しく追加したりする場合のフローを決めておくのがおすすめです。

　例えば、デザイン原則に含まれるツールの更新が必要となった場合、まず別の場所で更新後のドキュメントを作成し、デザイナーと更新により影響を受けるメンバーを集めてレビュー会を実施することがあります。レビュー会を経て、問題がないと判断されたらデザイン原則自体を更新し、更新した旨をレビュー会に参加したメンバー宛に報告します。

スタイルガイド

　スタイルガイドを変更することで、コンポーネントやデザイン原則に影響が及びます。コンポーネントに影響が及ぶ場合は、影響範囲を洗い出して更新に問題がないか検証をしてから、デザイン原則を更新するときと同じようにレビュー会を実施するとよいでしょう。

　デザインシステムが整備される前からアプリが存在している場合、想定していない箇所に変更前の色が指定されてしまっていることがあります。例えば、テキストカラーとして定義されているはずの色が、検証の結果、特定のコンポーネントの塗りに使用されていることがあるかもしれません。検証の際は、エンジニアに協力を依頼することですぐに済むことがあります。

コンポーネント集

　コンポーネント集を変更することで、スタイルガイドやデザイン原則に影響が及ぶことがあります。すでにアプリがリリースされている場合は、アプリ内で同じコンポーネントを使用している箇所すべてを差し替えることになります。スタイルガイド同様、影響範囲を洗い出して更新に問題がないかを検証してからレビュー会を実施するとよいでしょう。また、コンポーネント集の更新により、異なるコンポーネントとして使用していたものを1つに統一できることもあります。なるべく1つのコンポーネントを使い回していけるような更新を意識することがおすすめです。

> レビュー会以外にも、更新したものについてはこまめに関係者に見てもらうとよいですよ！ 自分以外の人に見てもらうことで、ミスの防止だけでなく、更新の意図の把握やよりよいものにするための意見をもらうことができます

作ったデザインシステムを
運用してみよう

作ったデザインシステムを実際に運用開始するときの進め方や改善方法、さらに進化させることについて解説します。

Keyword　#デザインシステムの改善　#デザインシステムの進化

小さな範囲で試してみる

　デザインシステムの初期バージョンで用意するツールがそろったら、まずは問題なく運用できるかを小さな範囲で試してみます。小さな範囲で試してみることで、最低限のリスクで検証することができます。例えば1つの機能を企画メンバー、デザインメンバー、エンジニアの中で試したり、文言修正など軽微な改善をデザイン、実装するメンバーで試します。まずはデザインシステムを作成したメンバーで試してみて、その後にデザインシステムの作成に関わっていないメンバーに試してもらうとよいでしょう。うまく使えなかったツールやミスを見つけたら、修正をしてブラッシュアップを進めます。

実際に運用し、フィードバックを得て修正する

　小さな範囲で試して修正点を直した後、いよいよ実際に運用してみます。デザインシステムに完成はなく、常に改善していく必要があります。小さく試したときのように修正点を見つけては直していく必要がありますが、多くの人がデザインシステムに触れることで、より根本的な課題や問題が見つかることがあります。

　例えば、用語集をNotionで作成したものの更新担当のメンバーがNotionの編集権限を持ち合わせておらず、都度編集権限を付与する必要が生じて手間がかかることがわかったりします。導入したての段階での違和感をヒアリングしておくことで、不便な状況に慣れてしまい課題や問題として挙がらなくなってしまう前に対処することができます。

　導入したての段階で、関係者に使い勝手についてヒアリングをしたり、使用している状況を観察させてもらったりして課題や問題を洗い出していくのがおすすめです。目安箱のような形で、GoogleフォームやGoogleスプレッドシートに使いにくい点を記載していってもらうやり方もあります。

デザインシステムを進化させる

　デザインシステムの運用を続けると、デザインシステムが開発に関わるメンバーにとってなじみのあるものになっていきます。組織の方針で、開発しているアプリを別の事業にも展開する場合や開発しているアプリをベースにほかのアプリを制作する場合にも、運用しているデザインシステムの知見が生きるでしょう。

　用意するツールやソフトウェアは現状のものをベースに作っていくことで、開発メンバーは新しくツールやソフトウェアについて学習せずに済み、小さく試す機会も少なく済みます。そして、さらなる新しいアイデアやツールを組み込んでいくことで、よりよいデザインシステムを作り上げることができます。

索引

■著者
相原典佳（あいはら・のりよし）

DTP、Webディレクター業務を経たのち、2010年にフリーランスとして独立。
ディレクションからデザイン、構築まで、一貫したWebサイト制作を提供し
ている。
現場での経験や知識を元に、デジタルハリウッドなどで講師を担当するほか、
「Web初心者を抜けた人たち」向けのコミュニティ、Beans Collegeの運営を
行っている。

岡部千幸（おかべ・ちゆき）

UIデザイナー
法政大学デザイン工学研究科システムデザイン専攻卒業。事業会社にて、既
存サービスのグロースやゲーム開発、新規サービスの立ち上げ等を経験し、
独立。
個人事業主として多くのプロダクト開発を経験後、株式会社cencoを設立。
現在は、UIデザインを軸足に、職域に縛られることなくプロダクト開発に携
わっている。
大学の非常勤講師や学生向けイベントでの講義も担当。

■STAFF

カバー・本文デザイン	木村由紀（MdN Design）
企画・原案	イシジマミキ
編集協力	笹明美・上角綾・松下早紀・青鹿由喜子・村上幸子
素材提供	家城春菜・野中麻未
DTP	田中麻衣子・柏倉真理子
校正	株式会社トップスタジオ
デザイン制作室	今津幸弘
デスク	渡辺彩子
副編集長	田淵豪
編集長	柳沼俊宏

■商品に関する問い合わせ先

このたびは弊社商品をご購入いただきありがとうございます。本書の内容などに関するお問い合わせは、下記の URL または二次元バーコードにある問い合わせフォームからお送りください。

https://book.impress.co.jp/info/

上記フォームがご利用いただけない場合のメールでの問い合わせ先
info@impress.co.jp
※お問い合わせの際は、書名、ISBN、お名前、お電話番号、メールアドレス に加えて、「該当するページ」と「具体的なご質問内容」「お使いの動作環境」を必ずご明記ください。なお、本書の範囲を超えるご質問にはお答えできないのでご了承ください。

●電話や FAX でのご質問には対応しておりません。また、封書でのお問い合わせは回答までに日数をいただく場合があります。あらかじめご了承ください。
●インプレスブックスの本書情報ページ https://book.impress.co.jp/books/1123101030 では、本書のサポート情報や正誤表・訂正情報などを提供しています。あわせてご確認ください。
●本書の奥付に記載されている初版発行日から 3 年が経過した場合、もしくは本書で紹介している製品やサービスについて提供会社によるサポートが終了した場合はご質問にお答えできない場合があります。

■落丁・乱丁本などの問い合わせ先
FAX　03-6837-5023
service@impress.co.jp
※古書店で購入された商品はお取り替えできません。

Figmaで作るUIデザインアイデア集 サンプルで学ぶ35のパターン

2024年7月21日　初版発行

著　者　相原典佳・岡部千幸

発行人　高橋隆志

編集人　藤井貴志

発行所　株式会社インプレス
　　　　〒101-0051　東京都千代田区神田神保町一丁目105番地

印刷所　シナノ書籍印刷株式会社
ISBN978-4-295-01908-4 C3055

Printed in Japan